やさしいイラストで
しっかりわかる

地層のきほん

縞模様はどうしてできる？ 岩石や化石から何がわかる？
地球の活動を読み解く地層の話

目代邦康・笹岡美穂

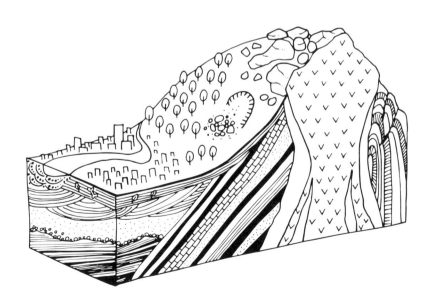

はじめに

　私たちが暮らす地球にはさまざまな地形、地質があり、さまざまな生き物が暮らしています。この多様な自然環境は、46億年という地球の歴史の中でつくられてきました。

　この46億年という地球の年齢はどうしてわかったのでしょうか。また、地球上のさまざまな環境はどのようにしてつくられてきたのでしょうか。こうした地球にまつわるさまざまな謎を解く鍵となるのが、この本のテーマの「地層」です。

　人間の歴史は、古文書や絵画、建築物などに残されている記録を読み解くことによってわかります。人間が記録を残すようになる以前の歴史は、地層や地形から読み解いていきます。私たちがこれまでの地球の営みを知ることができるのは、地層があるためといえます。地層は、私たちに遥か昔の出来事を知らせてくれるタイムカプセルなのです。

　46億年の歴史を持つ地球は、現在も活動を続けています。地震や火

山の噴火はしばしば起こります。地球上で起こる自然環境の変動で規模の大きいものは、自然災害となります。一方で、そうした自然環境の変動があったからこそ、私たちの生活の場がつくられています。私たちが地球の変動とうまくつきあっていくためには、どのように地面が動き、どのように山が崩れ、どのように川が流れるのか理解する必要があります。私たちは、地球上のさまざまな動きを地層から読み取れなければ、これからの暮らし方を考えることは難しいといえるでしょう。

　この本では、地層からわかる地球のさまざま特徴について、解説しています。そうした情報から、私たちは地球とどのようにつきあっていくべきか、皆さんと一緒に考えていきたいと思います。

2018 年 5 月　　目代邦康・笹岡美穂

もくじ

はじめに ……002

Chapter 1
地層の見方・考え方

- 01 地層ってなんだろう ……008
- 02 地層の積み重なりが示すこと ……010
- 03 現在は過去を解く鍵 ……012
- 04 地層と岩石・鉱物 ……014
- 05 岩盤と石ころ・砂・泥 ……016
- 06 石ころの形とでき方 ……018
- 07 砂がつくり出す模様 ……020

【きほんミニコラム】
ルーペの使い方 ……022

Chapter 2
地球のしくみ

- 08 地球の中身 ……024
- 09 大地の動き ……026
- 10 地球上の物質の循環 ……028
- 11 マグマとは ……030
- 12 月の地層、地球の地層 ……032

【きほんミニコラム】
月からわかる地球の歴史 ……034

Chapter 3
岩石の種類と地層の構造

- 13 岩石の種類 ……036
- 14 火山がつくる岩石(火山岩) ……038
- 15 火山から噴出されるもの ……040
- 16 火山から流れ出るもの ……042
- 17 マグマが地下で冷えて固まった岩石(深成岩) ……044
- 18 泥や砂がつくる岩石(堆積岩) ……046
- 19 生物がつくる岩石 ……048
- 20 高い圧力、高い温度で変質した岩石 ……050

21	ずれる地層、曲がる地層 ……052
22	地層の色と模様 ……054
23	もろくなっていく岩石 ……056

【きほんミニコラム】
県の石 ……058

Chapter 4
化石と地質の時代

24	地層に残された生き物の痕跡 ……060
25	化石からわかること ……062
26	絶滅してしまった生物の復元 ……064
27	微化石の世界 ……066
28	地層に残された地球の磁場 ……068
29	地層からわかる過去の環境 ……070
30	地層の境界と年代 ……072
31	地層で区分される地球の歴史 ……074
32	地層の名前の付け方 ……076
33	現在の地球（完新世）……078
34	人類の時代（第四紀）……080
35	生物の大量絶滅 ……082
36	人新世 ……084

【きほんミニコラム】
化石の探し方 ……086

Chapter 5
いろいろな地層

37	日本列島の地層 ……088
38	大陸の地層、海底の地層、島の地層 ……090
39	級化構造とタービダイト ……092
40	津波の地層 ……094
41	凍る地層 ……096
42	地層と湧き水、地下水 ……098

43　平野の地層と山地の地層 ……100

【きほんミニコラム】
宝石の世界 ……102

Chapter 6 地層の利用

44　石材としての利用 ……104
45　地下資源としての地層 ……106
46　食べることができる地層 ……108
47　地質の災害と恵み ……110
48　都市部の地層の災害 ……112
49　地層や地形の保存と活用 ……114
50　地層の利用と持続可能な社会 ……116

【きほんミニコラム】
国立公園、天然記念物、世界遺産、ジオパーク ……118

Chapter 7 地層の調べ方

51　地層を見学するとき、調べるときの注意 ……120
52　地質図の使い方 ……122
53　地層の記録のしかた ……124
54　穴を掘って地層を調べる ……126
55　身近な自然を調べる ……128
56　見えない地下を調べる方法 ……130
57　地層の年代の調べ方 ……132
58　地球についての研究に功績を残してきた人 ……134
59　地層のことをより詳しく勉強するために ……136

おわりに ……138
参考文献 ……140
索引 ……141

※本書は2010年に刊行された『地層のきほん』の全面改訂版です。

Chapter 1

地層の見方・考え方

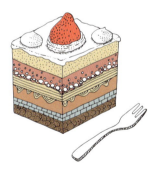

01 地層ってなんだろう

地層の見方・考え方

　地層とは何でしょうか。地層の「地」は、地球、大地、地面、土地などの言葉に使われているように、私たちが暮らす土台となる場所、あるいは、惑星地球を表す言葉です。地層の「層」は、ものが重なりあっていることを示します。重なりあって大地をつくっているのが「地層」です。

　地質の専門家は、地層という言葉は、後ほど説明する堆積岩という岩石や、水や風などの働きによってたまった砂や泥に対して用いますが、この本では、それらも含んだ、土壌や岩石など、地球表面からある程度の深さまでを構成している物質全般について用いています。

　英語では、地層のことを stratum（単数形）、strata（複数形）といいます。そもそも、strata は、層状の構造を持つものを示します。地層以外にも、大気の層や、社会の階層などにも使われます。日本語の「層」という言葉に対応していますが、英語圏では、「層」といえば、真っ先に地層がイメージされるようです。

　私たちが暮らす地球の表面は、何によってできているでしょうか。地面の表面近くには土があります。その下には、石ころが混ざった土があり、さらにその下には、硬い岩石があります。土は、専門用語で土壌といいます。土壌には、岩石が細かく砕けたものや、動植物の遺骸（いがい）、空から降ってきた火山灰、風によって遠くから飛ばされてきた塵などさまざまなものが混ざっています。

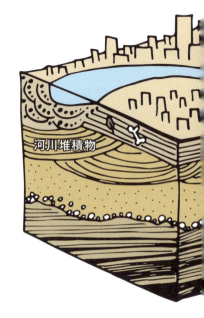

008

その下には、岩盤があります。地表近くの土壌は、どこか離れた場所から移動してきたものが多く含まれますが、その下の岩盤は、もともとそこにあり、周囲の岩盤と一体になっているものです。もともとそこにあったといっても、さらに昔はより深い所にあったり、火山の噴火にともなって流れてきたものだったりします。

　この岩盤は、平野とよばれる低い土地では、地下にあるため、私たちが直接見ることはあまりありません。しかし、山に行くと、見ることができます。

▶ **さまざまな地層と現象**

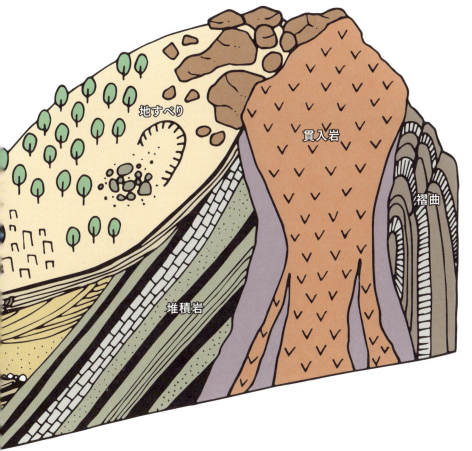

地層の見方・考え方

地層の積み重なりが示すこと

　多くの人は、地層と言われると、水平の何枚かの層が積み重なった崖をイメージするのではないでしょうか。一般には、地層は縞模様として認識されているようです。このような縞模様になるのは、どうしてでしょうか。

　地層には、それぞれの部分に名前がついています。一枚、一枚の地層は、単層とよばれます。単層は、同じ働きかあるいは連続してつくられた地層です。この単層が積み重なっているということは、一枚の地層（単層）ができるときと、地層がつくられないか削られてしまう時期が繰り返されていたこと示します。地層ができたり、削られたりするのは、その場所での環境が変化していることを示します。

　地層ができるということは、そこに土砂や化石などが堆積していたことを示します。地層ができないということは、土砂や化石がそこに運ばれてこないで堆積しなかったのか、あるいは堆積したのに削られてしまったのかのどちらかです。いずれにせよ、地層が残っていないので、そのときの出来事は、わかりません。

　このように地層の積み重なり方から、その場所で過去に何が起こっていたのかを読み取ることができます。連続的に地層が堆積しているなかで、砂から泥に粒の大きさが変わると、上と下では地層の種類が異なります。この２種類の地層の関係は、整合といいます。土砂がたまっている場所の環境が大きく変化していないことを示します。

　一方、一旦堆積した地層の上面が削られて、その後再び土砂がたまっていくと、そこに境界ができます。そうした単層の関係を不整合といいます。不整合の場合は、下の地層が削り込まれているので、その境界が波打っていたり、斜めになっていたりします。また、上の地層の傾き

▶ 地層の積み重なりと不整合のでき方

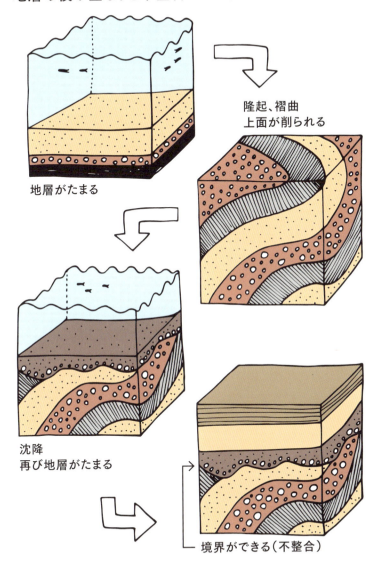

と下の地層の傾きが必ずしも一致しません。地層の縞模様は、こうした整合、不整合の集まりといえます。

03

地層の見方・考え方

現在は過去を解く鍵

　人類が、地層から過去の自然環境を読み解くようになったのは、わずか数百年前からです。地層に記録されていることが、現在の地球上で起きているさまざまな現象と同じ物であるということが受け入れられるためには、長い間の論争がありました。

　中世以前のヨーロッパでは、キリスト教の世界観が人々の考えを強く支配していました。大地をはじめとしてすべてのものは神によってつくられたという天地創造の考え方がありました。その考えの中に、ノアの大洪水というものがあります。地球上のほとんどすべての生物が死に絶えてしまったという大事件です。この聖書にあるお話を元に、地中から掘り出される化石の解釈が行われていました。化石は、そのノアの大洪水の証拠だと思われていたのです。

　このような状況の中で、地層をよく観察し、それがどのようにできていったのか考えたデンマークのステノは、古い地層の上に新しい地層が堆積してできるという、地層累重の法則を発見します。これは、現在では当たり前のように考えられていますが、当時としては、地層の積み重なりが時間の経過を示すものであるということを見抜いた画期的なものでした。

　その後、水の働きによる地層のでき方と、土地を隆起させる地球内部の働きを関連付けて考えるようになります。スコットランドのライエルは、過去地球上で起きていた土地の隆起や侵食といった作用が、現在でも続けて起きていることと考え、それを「現在は過去を解く鍵である」といいました。このような考え方に基づいて、地層に記録されていることから、過去の環境を推定するようになっていったのです。

▶ 聖書から近代科学へ

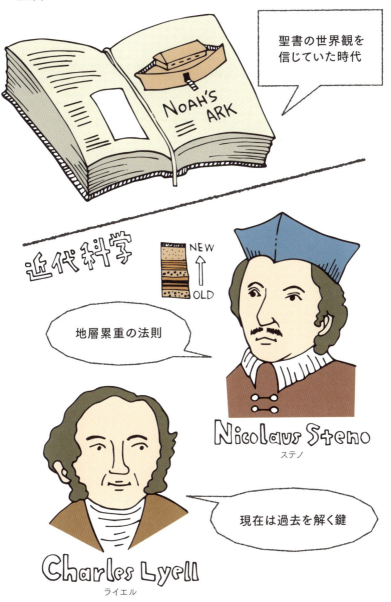

04

地層の見方・考え方

地層と岩石・鉱物

　地層と似た意味で使われる言葉に、「地質」や「岩石」という言葉があります。それらは、どのような意味で使われるのでしょうか。

　地質とは、地球の表面を構成する岩石や地層の種類や性質をさす言葉で、その示す範囲がたいへん広い言葉です。では、地質をミクロな視点から見てみるとどうなるでしょうか。地球上のあらゆる物質は元素からできています。この元素は、宇宙がつくられたビッグバンと恒星内部での核融合反応によってつくられたものです。それらがさまざまな組み合わせになり、地球とそこに生きる生物の元である分子がつくられています。その分子が集まったものが鉱物です。天然に産出し、無機質かつ結晶質の物質で、特定の化学式で表されます。この鉱物が1種類、あるいは、いくつか集まると岩石になります。このように大半の岩石は、動物、植物以外の自然物といえますが、石炭のように、有機物が固化した物もあります。この岩石には、この後で説明する火成岩、堆積岩、変成岩に分類されるさまざまな種類のものがあります。この岩石が連続して分布すると地層になります。

　地球の固体の部分に注目して、それがどのように分布し、どのような性質をもつのかを調べるのが地質学です。英語ではgeologyといいます。geoとはギリシャ語で地球を示し、logyは、logosのことで知識を表します。地球に関する学問が地質学です。崖から見える地層を使って、地球の歴史を探ることは地質学の一部になります。

▶ ミクロからマクロへ

05 岩盤と石ころ・砂・泥

地層の見方・考え方

　山は、そのほとんどが、地下から盛り上がってきた岩盤からできています。そして、その表面を土壌が覆い、さらにそこに植物が根を張り、動物が暮らしています。この山の岩盤は、雨水や気温の変化、植物の根の働きやバクテリアの働きなどで、だんだんと脆（もろ）くなっていきます。こうした岩盤が脆くなっていく働きを風化作用といいます。

　脆くなった岩盤は、大雨や地震のときに崩れます。その崩れた岩は、角張っていますが、川で下流に運ばれるに従い、川の中でお互いにぶつかり合い、割れ、角がとれ、だんだんと丸くなり小さくなっていきます。崩れた岩である石ころは専門的には礫（れき）とよばれます。礫は、本来は小石のことなのですが、大きなものも礫とよんでいます。この本では、石ころといっているものは、専門用語では礫と表現されるものです。

　下流に行くにしたがって粒はだんだんと小さくなり、砂になります。石ころがさらに細かくなったものです。細かい砂は、下流まで到達し、海岸で砂浜をつくります。

　砂よりも細かい粒は、シルトや粘土とよばれます。このシルトや粘土をあわせて、泥とよびます。泥は、水に浮いた状態で、下流に運ばれます。川が氾濫したときには川の周囲

土壌

岩盤

016

にたまり、海にまで到達したものは、海底にゆっくりとたまっていきます。

この石ころや砂や泥は、地質学では、その粒の大きさによって分類されています。2mmより大きいものが礫（石ころ）で、それより、小さいものが砂になります。砂よりも小さな1/16mm以下のものはシルト、1/256mm以下のものは粘土といいます。この区切りとなっている16や256という数字は、それぞれ2の4乗、2の8乗といった数字です。シルトと粘土をあわせて、泥とよびます。地質学では、泥は粒子のサイズによって区分されるもので、土とは意味が異なります。

礫が集まって岩石になると礫岩になり、砂が集まって岩石になると砂岩になります。シルトや粘土が集まって岩石になると泥岩になります。

▶ 岩石のサイズ変化

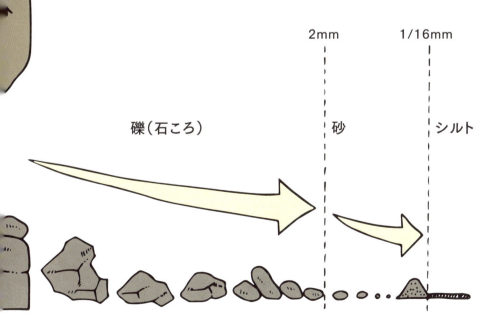

06

地層の見方・考え方

石ころの形とでき方

　石ころの形は、それがどのような環境を経てきたのかを示しています。

　石ころは山崩れなどによって岩盤からはがれ、川に流れ込みます。そのときは、もともとの割れ目に沿って割れるため角ばった形をしています。これを角礫といいます。その石ころが川を流れ下っていくときにお互いにぶつかり、角が取れ、小さくなっていきます。硬いチャートなどはなかなか丸くなりませんが、軟らかい泥岩などは、すぐに細かく泥になってしまいます。角礫から少し円くなったものを亜角礫、さらに円くなったものを亜円礫といい、角の取れた円い石ころを円礫といいます。

　このように、石ころの形は、そのものの硬さにもよりますが、それがどれだけ移動してきたのかということを示します。川から海岸までたどり着くと、石ころは波打ち際で何度もゆり動かされます。そのため、海岸の石ころは、川原の石ころに比べ扁平な形をしています。

　扁平な河原の石ころが多いところでは、その石ころが、同じ向きに並んでいることがあります。これはどうしてできるのでしょうか。石ころは増水したときに、川底を転がりながら流れていきますが、それがいよいよ止まるときには、前の石ころに引っかかり、流れを最も受けにくい向きに並びます。この石ころが同じ向きに並んでいることをインブリケーションといいます。瓦の並べ方にも似ているので覆瓦状構造ともいわれます。このインブリケーションがあれば、どちらが上流なのか川の流れを見なくても判断することができます。地層の中に含まれる石ころの姿勢を調べ、インブリケーションがわかれば、そこにかつて川がどの方向に流れていたのかということが推定できます。

▶ 石ころの形の変化

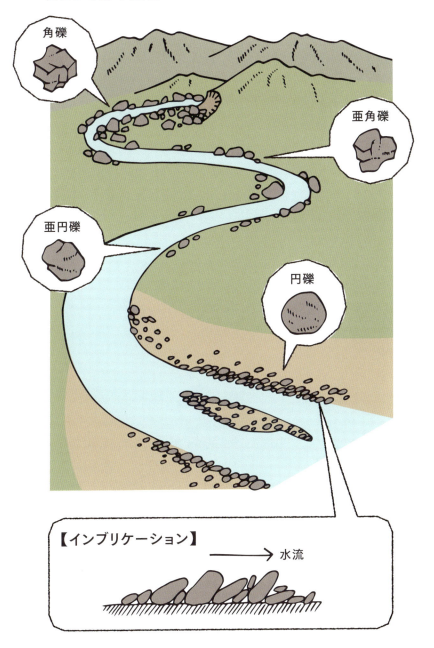

地層の見方・考え方

砂がつくり出す模様

○色とりどりの砂

　海岸や河原の砂は、その川の水が集まってくる範囲にある山地、丘陵地の地質を反映しています。また、海岸では貝殻の破片や、南の方ではサンゴなども含まれています。そのため、場所によって砂の種類は異なります。砂がどのような粒からできているのかは、ルーペや顕微鏡を使って観察してみましょう。ルーペの使い方は、22ページのコラムを参考にしてください。

　花崗岩が分布している地域の海岸は白くなっています。これは、花崗岩をつくる石英の粒が砂になっているためです。沖縄県でも、白い砂からなる海岸が多くあります。この砂は、サンゴや貝の破片です。

○砂がつくり出す模様

　砂は、それぞれの場所の流れを反映してさまざまな模様をつくり出します。川や海の底にどのような模様があるか、観察してみましょう。

　砂が凹凸の模様をつくっていることがあります。これは、リップルという模様です。リップルは、さざ波や波紋などを意味します。一方向の流れの条件で砂が移動することによりできる模様は、上流から下流に向かって非対称な形態をしています。そのため、地層の中でこの堆積構造をみつけることができれば、そこにかつて水が流れていた当時の流れの向きを知ることができます。この模様はカレントリップルとよばれます。

　波打ち際では、カレントリップルに似た凹凸模様を見ることができます。しかし、よく見るとカレントリップルとは、形が異なっています。波によって水が行ったりきたりする場所なので、対称性をもった模様ができます。この模様はウェーブリップルとよばれます。これもカレント

▶ 水の流れでできる模様

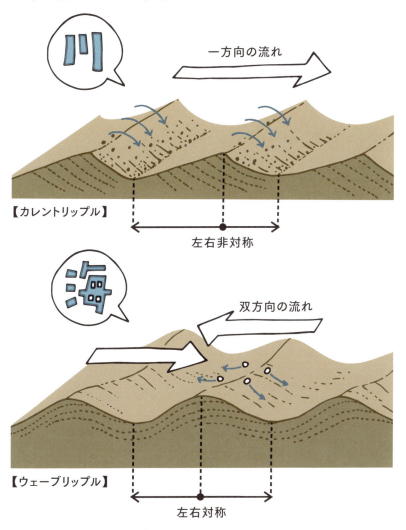

リップルと同様、地層の中から見つけることができれば、かつて、そこが波打ち際であったことがわかります。

きほんミニコラム

ルーペの使い方

　石ころや砂、道端の岩盤が、どんな種類の岩石なのかを調べるには、詳しく観察する必要があります。野外で詳しく観察をするときに使うのがルーペです。持ち運びしやすく、見たい所だけを大きくして見る道具です。

　ルーペの使い方には、コツがあります。下図のように、使ってみましょう。

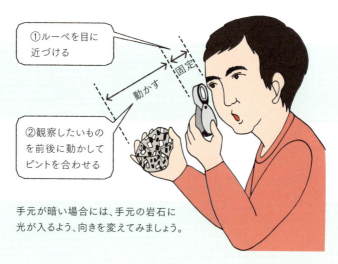

※野外では、ルーペを紛失しやすいので、ひもを通して、首からかけておくとよいでしょう。

Chapter 2

地球のしくみ

地球のしくみ

地球の中身

　地層は、地球上の表面にあります。地球の半径は約6,300 km以上もあるため、表面といっても、相当の厚さを持ちます。地球の内部を化学的な性質で区分すると、一番外側の部分は地殻とよばれます。海洋では5 km程度の厚さで、陸地では30 km程度です。

　地殻の厚い陸地でも、半径のたった200分の1の厚さしかありません。ちなみに、ニワトリの卵の半径は2〜3 cmで、その殻の厚さは約0.4 mmです。地球がもしニワトリの卵程度の大きさだったら、地殻は、卵の殻よりも薄いことになります。地層はこの地殻にあるのです。

　地球の内部はどのようになっているのでしょうか。地殻の下には、マントルがあります。この地殻とマントルの境界はモホロビチッチ不連続面とよばれ、ロシアのモホロビチッチが地震の研究の結果、見つけ出しました。マントルは岩石からなります。地球の約80％がマントルです。そして中心部には核（コア）があります。この核は鉄やニッケルといった金属からなります。

　地球の内部をその硬さで分けると、地殻とマントルの上部は、リソスフェアとよばれる部分になります。地震のニュースのときに良く聞くプレートというものは、このリソスフェアのことです。その下のマントルは、軟らかく、アセノスフェアとよばれます。

▶ 地球の内部構造

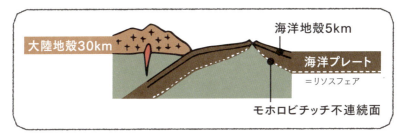

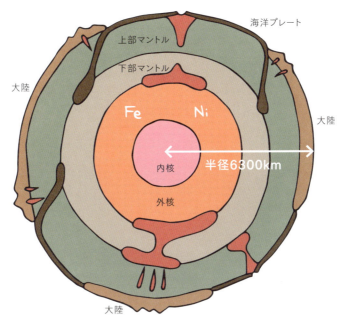

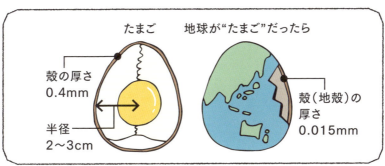

地球のしくみ

大地の動き

　地球上で起こっているさまざまな現象が、統一的に考えられるようになったのは、プレートテクトニクスという考え方が誕生してからです。
　ヴェーゲナーは、アフリカ大陸と南米大陸の海岸線が、まるでパズルのようにちょうどつながることなどから、2つの大陸が以前はつながっていて、それが移動してできたと考えました。大陸移動説という考えで、1915年に発表されました。しかし、当時の科学では、大陸が動くということは到底考えられず、その考えは受け入れられませんでした。
　その後、この考えは、しばらく忘れられていました。第二次世界大戦後には、潜水艦の航行などのために海底の地形が詳細に調べられました。さらに、海底の地質の調査が進み、海嶺に近いところほど、海底の形成された年代が新しく、遠くなるにつれて古くなることがわかりました。海嶺とは海底にある大きな山脈で、海底火山が連なる場所です。そこで、海底がつくられていることがわかったのです。海底が動いているのであれば、それにつながっている大陸が動くことも理解できます。このようにして、一度は忘れられた大陸移動説が海洋底拡大説のおかげで脚光をあびることとなります。
　海嶺でつくられた海底は、海底火山から噴出された溶岩、プランクトンの遺骸が堆積してできたチャート、サンゴ礁からできる石灰岩などをのせて移動していきます。海底が生産される一方でしたら、地球は、どんどん大きくなってしまいますが、そのようなことはなく、海底が消滅する場所があります。それが海溝やトラフとよばれる海底にある大きな凹みです。海底はここに沈みこんでいきます。日本列島の近くには、日本海溝や南海トラフという場所がありますが、ここが、海底の消滅するところです。

▶ プレートテクトニクス

　海底や大陸は、プレートが動いているので、移動しているのです。そしてこのプレートの運動による地震や火山、地層の形成といった地球上のさまざまな現象が説明できます。その考え方をプレートテクトニクスといいます。

10 地球上の物質の循環

地球のしくみ

　空から降ってきた雨水は、地面に染み込むか、下水道に流れ込みます。地面に染み込んだ雨は、地下水となって地中を流れたのち、湧き水になります。湧き水は集まって川になり、海に流れ込みます。海の水は、蒸発して雲をつくり、雨を降らせます。このように地球上では水は循環しています。

▶ 水と岩石の循環

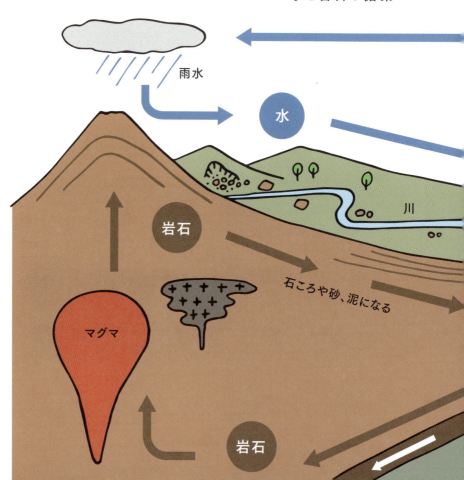

こうした水の循環と同じように、岩石をつくっている物質も地球上を循環しています。河原にある石ころは、洪水のときには、下流に流されていきます。そのときにお互いにぶつかり合って、段々と小さくなり、やがて砂や泥になります。砂や泥は、河原や砂浜を経て海底に堆積します。堆積した砂や泥は、海底の中でも特に深い海溝から、地下に取り込まれていきます。一部は溶けてマグマとなり、冷えて固まると岩石になります。また一部は押し固められて岩石となります。こうしてできた岩石は、盛り上がって山となり、やがて崩れていきます。崩れたものは、川に流れこみ、ぶつかり合いながら角がとれて、再び、石ころとなります。河原や海岸などで目にする石ころは、こうした循環の中にあるもので、こうした循環は、数千年から数億年という長い時間がかかるものです。

　水や石ころにかぎらず、さまざまな物質が、地球の46億年の歴史の中で、循環を繰り返して、現在の自然環境をつくり出しています。炭素や窒素などは、あるときは気体になり、あるときは生物の体になり、あるときは岩石になるなど、さまざまな形で地球上に存在しています。

マグマとは

地球は固体の星ですが、地下では岩石が溶けている場所があります。岩石が溶けた液体は、マグマとよばれます。マグマが固まった物が岩石ということもできます。地球上では、水の働きによって石ころや砂、泥が運ばれて地層をつくりますが、岩石が溶けてマグマになり、マグマが固まって岩石をつくるという働きによっても地層がつくられます。

岩石の多くは、800 〜 1,200℃という高温で溶けます。これがマグマの温度といえます。マグマのような高温のものは、私たちが使う温度計では測れません。そこで、高温の物体が、熱エネルギーを光として放出している性質を利用します。光の波長を測るセンサーを用いてその波長域と光の量を測定して、温度の推定をしています。

地下数十 km の深さで、岩石が溶けてマグマになると、体積が大きくなり、一定の体積当たりの重さである比重は小さくなります。すると、周囲にある岩石より、軽くなるため地表近く（地表から数 km の深さ）まで上昇してきます。ある場所には、マグマが集まります。そこはマグマだまりとよばれています。岩盤に亀裂があると、マグマはそこに入り込みます。

地表に近づくとそこで熱が奪われ、温度は下がっていき、ゆっくりと冷えて固まっていきます。

▶ マグマのでき方

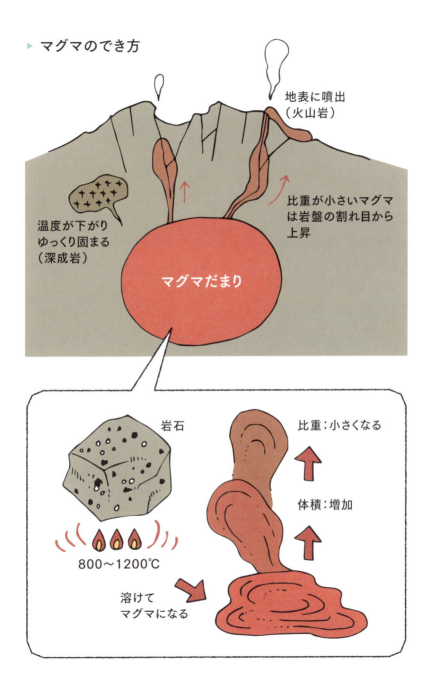

12

地球のしくみ

月の地層、
地球の地層

　地球には、山や丘陵、平野、海底などさまざまな地形があります。宇宙の中では、たいへん近い位置にある月には、こうした地形は見られません。このような違いは、どうして生まれたのでしょうか。

　私たちの暮らす地球には、空気と水があります。一方、月には、この空気と水がなく、生物はいません。空気や水は、暖められると軽くなり、冷やされると重くなります。そのため、温度の違いがあると、空気や水の移動が起こります。空気や水が移動するときには、泥や砂や石ころなどさまざまなものを一緒に動かします。空気や水のある地球では、そうして地表の形が変わっていきます。しかし、月には空気や水がないので、こうした物質の移動は起こりません。

　また、地球は、その内部が熱いため、その熱を放出するように地面が水平方向に移動しています。衝突するところや、熱の吹き出し口ともいえる火山では、地面が盛り上がっていきます。高い場所ができると、そこの岩石は重力によって低い所へと移動します。地球は、空気や水があり、さらに内部が熱いため、地球の表面では、古い地層は削られ、新しい地層がつくられ、地球上の凸凹である地形がつくられているのです。

　月の表面には、クレーターがあります。これは、月が誕生した後に、隕石が衝突してつくられた地形です。それ以外では動きがないので、クレーターができると、その地形がそのまま残されているのです。1961〜1972年のアポロ計画で、宇宙飛行士が、月の大地に降り立ちました。それから、50年ほど経ちますが、現在でも、そのときの足跡やバギーの車輪の跡が残っています。

▶ 月に残された跡

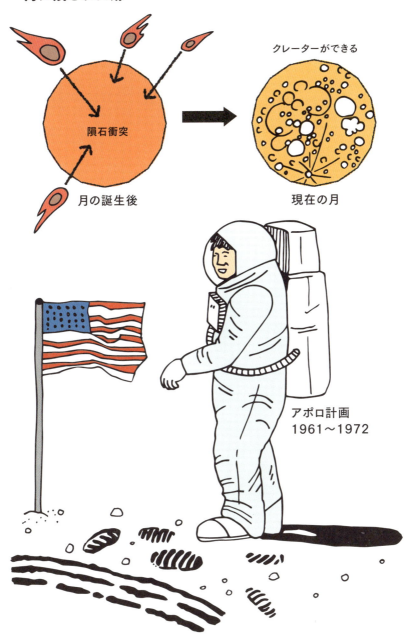

きほんミニコラム

月からわかる地球の歴史

　地球が誕生した当時、地球の表面は、微惑星が次々と、衝突してくる状況でした。微惑星の運動エネルギーは、衝突することによって熱エネルギーとなり、地球の表面の温度は上がっていきます。そして岩石が溶けてしまうドロドロのマグマの状態になったと考えられています。これをマグマオーシャンとよびます。こうした状況だったため、この当時の記録は、みな溶けてしまって、地層の中に残っていません。

　この当時の記録がないにもかかわらず、地球誕生は、今から約46億年前だと推定されています。どこに記録が残っていたのでしょうか。

　当時の記録が残っていた場所の1つは、月でした。月は地球が誕生する最初の段階（原始惑星）のもの同士の衝突に伴って、砕け散ったものが、再び集まり地球の衛星になったと考えられています。月では、地球のようなマグマの活動や侵食作用がないため、月の表面には、地球や月の誕生当時の石ころがそのまま残っています。これらの岩石を分析すると古いもので46億年前といった年代が得られました。地球では、そうした岩石は残っていませんが、月にその証拠が残っていたのです。

　月のほかに、隕石も、45億年前の古い時代を示します。原始惑星衝突のとき、あるいは、地球に微惑星が衝突したときに、宇宙空間に飛び散ったものが、長い時間、宇宙空間に漂っていて、その後、隕石として落ちてきています。

Chapter 3

岩石の種類と地層の構造

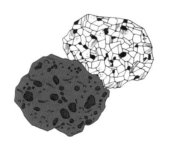

13　岩石の種類と地層の構造

岩石の種類

　地層をつくる岩石にはさまざまな種類のものがあります。専門的には、そのでき方によって、3種類に分類されます。1つ目は、マグマ（岩石が溶けた状態）が、冷えて固まってできた火成岩、2つ目は、水や風によって運ばれた砂や泥などがたまってできた堆積岩、そして3つ目は、

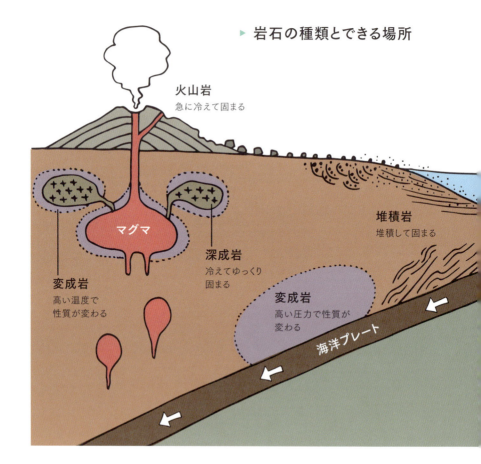

▶ 岩石の種類とできる場所

それらが地下の高い温度や高い圧力で変質した変成岩です。

　火成岩は、地下でマグマが冷えて固まってできる岩石と、地上で冷えて固まってできる岩石の２種類があります。同じマグマからできる岩石でも冷えて固まる場所によって、岩石の性質が異なります。１つ目は深成岩です。マグマが地下で冷えて固まるときは、ゆっくりと固まります。鉱物の結晶が成長した硬い岩石（深成岩）になります。一番よく見かけるのは、花崗岩です。２つ目は火山岩です。マグマが地盤の割れ目を伝って地上に噴き出すところが、火山です。噴き出されたマグマは、急に冷やされて岩石になります。これを火山岩とよびます。日本は世界有数の火山が集中している地域です。現在火山である場所、あるいは、かつて火山があったが現在は削られてしまって、山体が無くなっているところに火山岩が分布しています。

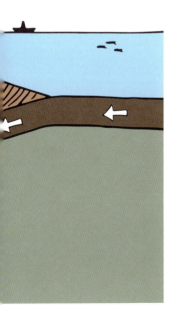

　堆積岩は湖や海の底あるいは、川の周囲といったところで、流れによって運ばれたものがたまり、その構造を残したまま、圧力や化学的な作用によって硬くなったものです。古くは、火成岩と対比して水成岩といわれていたこともありました。

　火成岩や堆積岩といった既にある岩石が、新たに高い温度・圧力をうけると性質が変わります。これを変成岩といいます。建物の内装などに使われる大理石は、この変成岩の１つです。

　地下でマグマの周辺にある岩石は、マグマの熱で加熱されるので、熱せられた岩石は性質を変えて変成岩となります。たとえば、堆積岩は熱せられると、硬いホルンフェルスという岩石になります。

14

岩石の種類と地層の構造

火山がつくる岩石
（火山岩）

　火山から噴出したマグマは、溶岩とよばれます。溶岩は、噴出した直後は軟らかく流れていますが、冷えると固まります。この固まってできた岩石が火山岩です。火山岩は、含まれる造岩鉱物によって種類が分かれます。造岩鉱物とは、岩石をつくる鉱物のことです。火山岩は、主要な7種類の造岩鉱物の組み合わせで分類することができます。

　黒色や灰色をしたのが、玄武岩です。富士山や伊豆大島、ハワイ島のマウナロア火山やキラウエア火山などが代表的な玄武岩の火山です。珪酸（SiO_2）の含まれる量が少なく、流れやすいのが特徴です。ハワイでは流れる溶岩のすぐ近くにまで寄ることができます。玄武岩の名前は、兵庫県豊岡市にある玄武洞に由来しています。玄武洞は、柱状節理で有名なところです。この柱状節理は、玄武岩が冷えて固まるときにできたものです。

　玄武岩より、灰色なのが安山岩です。南アメリカ大陸のアンデス山脈に広く分布します。そのため、英語でアンデス山の石という意味の、Andesite という名がついています。それを日本語にそのまま訳したので、安山岩となりました。玄武岩に比べ粘り気のある珪酸が多く、爆発的な噴火をするのが特徴です。浅間山や磐梯山、草津白根山などが代表的な安山岩の火山です。

　安山岩よりさらに珪酸が多いのが、デイサイトです。昭和新山や1991年に噴火した雲仙普賢岳の溶岩ドームがこのデイサイトからできています。粘り気があるため、溶岩が流れ出さずドーム状の地形をつくるのです。さらに珪酸が多いのが流紋岩です。石器時代に矢尻として使われた黒曜石は、流紋岩の一種です。

038

▶ 火成岩の分類

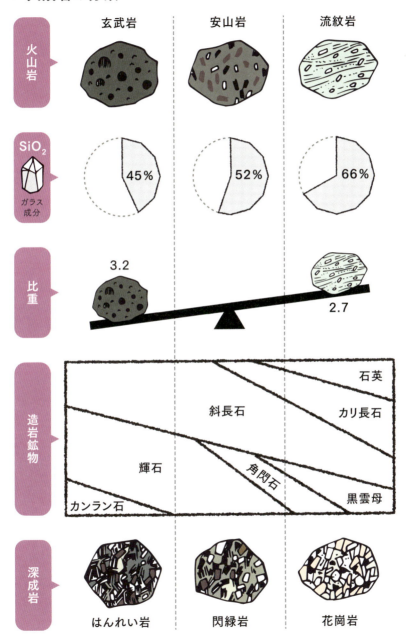

15

岩石の種類と地層の構造

火山から
噴出されるもの

　火山が噴火すると、溶岩や火山ガス、火道周辺の岩石、水蒸気などが火口から噴出します。この噴出するものの中で、固体として遠くまで飛んでいくのが、火山灰、火山礫、火山岩塊とよばれるものです。

　火山灰という言葉はよく知られていますが、火山礫や火山岩塊という言葉はあまり知られていません。粒の大きさが 2 mm より小さいものは火山灰、それよりも大きく 64 mm よりも小さいものは火山礫、64 mm よりも大きいものは火山岩塊とよばれます。火山岩塊は数 m にもおよぶ巨大なものが噴出することもあります。火山が噴火したときには、こうした大きなものが降ってくる可能性があるので注意が必要です。巨大なものは建物の屋根さえも打ち破るので、火口の近くでは建物の中にいても安全とはいえません。

　火山灰は、粒が小さいため、噴火の際には火山上空に高く舞い上がり、風に流されて遠方まで飛んでいきます。日本列島の上空は偏西風が吹いているため、九州にある火山の過去の火山噴火によって噴出した火山灰は、北海道まで届いているものもあり、日本列島に広く分布しています。また、関東平野では、箱根火山や富士山、八ヶ岳、浅間火山などの関東平野の西側に位置する火山から飛んできた火山灰が多く積もっています。日本列島の多くの場所で、地表をつくる土壌には、こうした火山から飛んできた火山灰が混ざっています。

　火山灰は、灰と名前がついていますが、何かが燃えたあとの灰とは大きく異なります。火山灰は、ガラスや鉱物など、岩石の粒です。それも角がある尖ったものです。大量に吸い込んでしまうと、体内で水分を吸ってセメント状になってしまうので、注意が必要です。将来的には富士山は噴火すると考えられています。噴火が起こったときには、東京に火

▶ 火山噴出物の種類

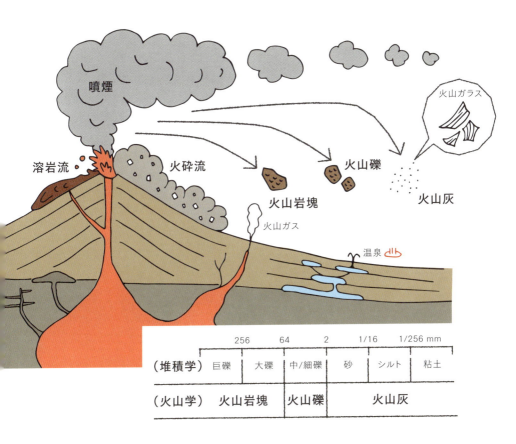

　山灰が飛んでくるでしょう。電子機器への影響などさまざまな問題が起こると考えられています。

　火山から噴出して地面に降り落ちてくるものを、色で分ける分類のしかたもあります。白色で発泡したものを軽石とよび、黒色のものをスコリアとよびます。軽石は、以前はかかとの角質を落とすものとして使われていました。

16 火山から流れ出るもの

岩石の種類と地層の構造

　火山噴火のときに、火山灰、軽石などがガス、空気とともに、地上を高速で流れていくのが火砕流です。その温度は 600〜700 ℃ に達し、100 km/h 以上の高速で、小規模な地形を乗り越えて進んでいきます。1991 年 6 月には、雲仙岳山頂部で成長した溶岩ドームが崩れ、火砕流が発生し、多くの方が亡くなっています。

▶ **カルデラ噴火**

地層には、火砕流堆積物という形で、火砕流の記録が残っています。たとえば、Aso-4 火砕流堆積物と名前のつけられている地層は、今から約9万年前に阿蘇火山から噴出したもので、非常に広範囲に堆積しています。それは、そのときの噴火がカルデラ噴火という巨大な噴火だったためです。火砕流は、九州北部から中部に渡って分布し、その末端は、海さえも越えて、山口県西部や天草に達しています。また、九州の鹿児島周辺に広がるシラス台地は、約3万年前の入戸(いと)火砕流が堆積したものです。火砕流堆積物は、しばしば、火砕流自身の熱によって固体の部分が溶け、自重によって圧縮し、溶結凝灰岩(ようけつぎょうかいがん)という地層になります。

　火山が噴火したときに、山頂部に氷河や大量の雪があると、噴火によってその氷や雪が融かされて水になり、火山から噴出した火山灰や軽石などと混ざって、泥流となって山体を流れ下っていきます。火山泥流とよばれる現象です。1985年のコロンビアのネバドデルルイス火山の噴火や1926年の十勝岳の噴火で発生しています。泥流は流動性が高く、広範囲に堆積するため、非常に広い範囲で被害を受けます。

マグマが地下で冷えて固まった岩石（深成岩）

岩石の種類と地層の構造

マグマが地下で冷えて固まると、花崗岩や、閃緑岩、斑糲岩といった深成岩ができます。これらは、溶けている状態からゆっくりと冷えていくので、それぞれの鉱物が大きく成長して、数 mm の大きさに、鉱物の粒が揃っています。石は、硬く、磨くと光沢がでます。そこに含まれる鉱物の割合によって、種類が分類されています。石英が多く含まれ、白っぽいのが、花崗岩です。ごま塩のおにぎりのような石が花崗岩です。

花崗岩は、地殻をつくる主要な岩石で、世界中多くの場所に分布しています。日本では、西南日本に広く分布しています。神戸市の御影では、六甲山地の花崗岩を古くから切り出してきました。そのため、花崗岩の代名詞として、御影石という名前が使われています。花崗岩は、関東地方では、筑波山から真壁にかけて産出します。真壁石や稲田石という名前でよばれています。墓石やビルの外壁などに使われています。国会議事堂の外壁が白いのも、この花崗岩の色です。広島県倉橋の花崗岩で、議院石ともよばれています。

花崗岩は、三方向の直交する割れ目ができる性質を持っています。そのため、自然の状態でも、まるで石切場のような人工的に割られたような地形をつくり出すことがあります。木曽川沿いの寝覚の床などが代表的な景観です。人間は、この割れやすい方向（石目といいます）を使って、大型の機械を用いずに、古くから、花崗岩を山から切り出していました。

白っぽい花崗岩に対して、黒っぽいのが斑糲岩です。鉄やマグネシウムを含みます。そして、花崗岩と斑糲岩の中間の色をしているのが閃緑岩です。石材に使われている物は、黒御影とよばれることもあります。

▶ 花崗岩の特徴と分布

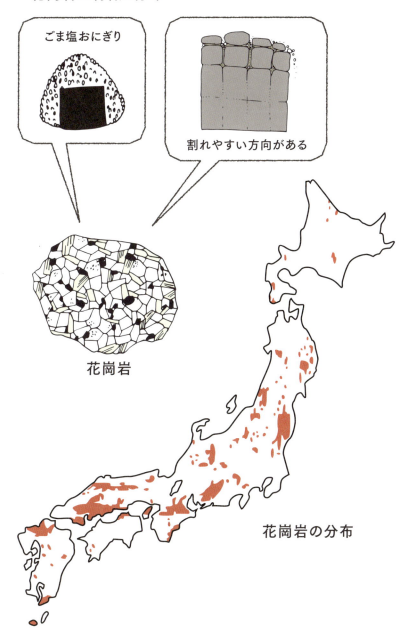

18

岩石の種類と地層の構造

泥や砂がつくる岩石
（堆積岩）

　地球上では、川や風、氷河など、空気や水が絶えず流れています。その流れによって土や砂、石ころが運ばれています。流れが弱くなると、それらは運ばれなくなり、陸上や海底に堆積していきます。それが徐々に積み重なっていくと、はじめに堆積したものは、その上の重さをうけて押し固められていきます。また、ちょうどコンクリートが固まるのと同じように長い時間をかけて化学変化がすすみ、硬い岩石になっていきます。これらの働きを続成作用といいます。

　自然界にはさまざまな大きさの粒があるにもかかわらず、堆積岩をつくる粒の大きさはだいたい揃っています。これは、空気や水が、その流れの中で運んでいる粒をふるい分けるためです。例えば、海底には泥が多くたまっていますが、これは、泥だけが川の水の流れにのって陸から離れた海まで運ばれるからです。この海底にたまった泥が、地下深くに沈み込み高い圧力をうけて泥岩となります。

　砂が続成作用により、砂岩になり、その岩盤が隆起し山になります。その岩盤が砕けると砂岩の石ころ（礫）になります。また川で下流に移動していくなかで、細かくなると、砂になります。これがまた集まると砂岩になります。このように、岩盤や石ころ、砂粒など、さまざまに形を変えながら物質が循環しているのです。地球上で物質が循環している1つの証拠が堆積岩です。形成された当時からほとんど変化のない月では、物質の移動がほとんどなく、堆積岩は存在しません。

046

▶ 堆積岩のでき方

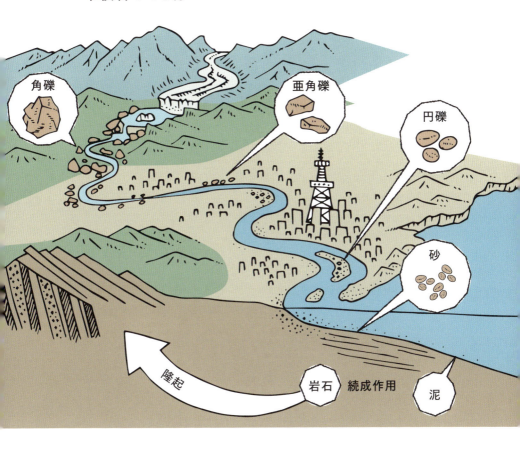

19

岩石の種類と地層の構造

生物がつくる岩石

　地層は、地球内部の働きや、水や風の流れによってつくられるほか、生物の活動によってもつくられます。私たちが最もよく目にする生物によってつくられた地層は、セメントの材料に使われている石灰岩です。石灰岩は、サンゴの遺骸と、炭酸カルシウムの体を持つフズリナや貝類などが集まって、堆積し固くなったものです。このサンゴが集まってつくられている地形が、サンゴ礁です。サンゴ礁は、造礁サンゴという炭酸カルシウムの骨格を持つ動物によってつくられます。この造礁サンゴは、褐虫藻と共生しており、この褐虫藻の光合成によってエネルギーを得ています。また、自らもプランクトンを捕食しています。この石灰質の殻が石灰岩の起源の一つになります。

　サンゴは生きるために太陽の光を必要とします。光が届くのは浅い海なので陸地の周辺でないとサンゴ礁は発達しません。深い太平洋では、海底火山の噴火によってできた火山島にサンゴ礁が発達します。火山島の陸上部分は侵食により無くなってしまい、サンゴ礁だけが残っている島もあります。

　石灰岩の岩体は、侵食されにくく、そのものが山体や広い台地となっていることがしばしばあります。そこでは、地表には凹凸があるものの、川がほとんどみられません。石灰岩の割れ目から地下に流れ込み、二酸化炭素を含む雨水は、石灰岩を溶かしていきます。そうして、水の流れは、割れ目を広げ鍾乳洞をつくります。炭酸カルシウムは、溶ける一方で、再び結晶化し、鍾乳石や石筍といった特徴的な地形をつくります。陸上は、所々に穴の空いたなだらかな地形になります。このような特徴を持った地形を、カルスト地形とよびます。独特の景観を有するため、秋吉台や平尾台は天然記念物に指定されています。世界では、中国の桂

▶ 石灰岩とチャートをつくる生物

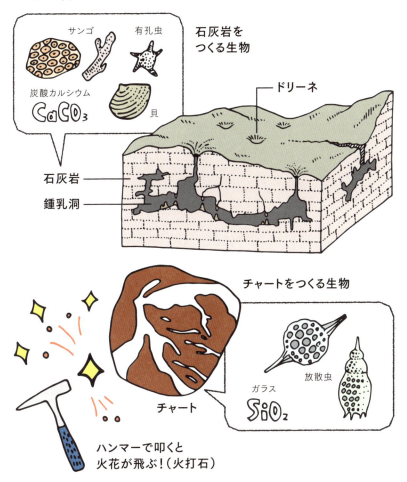

　林などが有名で、多くの観光客の訪れる場所になっています。
　火打ち石に使われるチャートも生物起源の岩石です。放散虫というガラスの殻を持つプランクトンの遺骸が集まって固まったものです。とても硬い岩石なので、石ころが丸い形になりにくく、角ばっています。

高い圧力、高い温度で変質した岩石

20

岩石の種類と地層の構造

　堆積岩や火山岩が、大地の活動によって、地球内部の高温や高圧といった条件で、別の岩石に生まれ変わります。そのような岩石を変成岩といいます。生まれ変わるといっても、元の岩石の構造などを残していますので、元の岩石の種類と、変成の種類、度合いによって分類されています。

　変成岩は、変質したことにより、きれいな見た目になるため、石材などによく使われます。たとえば、ホテルのロビーの壁面などに使われている大理石は、石灰岩が熱による変成作用をうけ、再結晶したものです。同じように熱によって変成したのがホルンフェルスといわれる岩石です。ホルンとはドイツ語で角のことです。硬いため、割ると角のように割れるので、この名前が付いています。元は、泥岩や砂岩です。大理石もホルンフェルスもどちらもたいへん硬い岩石です。

　圧力によっても岩石は変質します。力をある方向から受けるため、一定の方向性をもった岩石になります。たとえば、泥岩は、圧力をうけて、粘板岩（スレート）に変わり、さらに、千枚岩、結晶片岩、片麻岩へと変わっていきます。同じ方向に割れやすい構造を持ち、その割れる面を片理といいます。粘板岩は、この構造を使って薄く割り、屋根瓦に使われていました。硯の原料としてもよく使われます。

　変成岩の仲間に蛇紋岩という岩石があります。これは緑色をしていて、表面の模様が蛇のようなので、蛇紋岩とよばれています。それほど、多く分布しているわけではありませんが、風化しやすく、地すべりなどをよく発生させる岩石として有名です。また、マグネシウムやクロム、ニッケルを含むことから、通常の植生が成立しにくく、特徴的な植物群落を成立させます。

▶ 熱や圧力を受けた変成岩

熱による再結晶

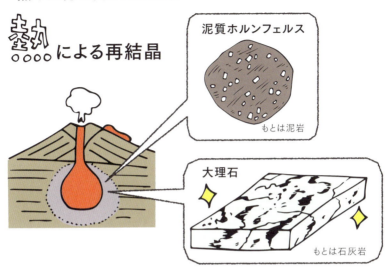

圧力による再結晶

21 岩石の種類と地層の構造

ずれる地層・曲がる地層

　地層が、ある場所で、ずれていることがあります。そうした、地層がずれている現象とその場所を断層とよびます。三次元的に考えれば、ずれたところは、面になっています。その面のことを断層面とよびます。

　断層は、その場所の地質が、ある方向から力を受けて、ずれたときにつくられます。その力は、押される力か、引っ張られる力です。押されてできる断層は、断層を境にして相手に乗り上げるように動きます。このような断層を逆断層といいます。引っ張られてできる断層は、断層を境にしてずり下がるように動きます。このような断層を正断層といいます。ずり下がる断層を正断層とよぶのは、世界で最初に地層のことを詳しく調べたイギリスで、正断層が多かったためといわれています。このようにできる断層のほか、地層が横にずれる横ずれ断層もあります。多くの断層は、正断層か逆断層の動きとともに、横ずれもしています。断層が動くときに地盤は大きく振動します。それが地震です。断層は、地震の化石ともいえるでしょう。

　力を受けて、曲がってしまう地層もあります。大きく波打つように曲がっている地質と現象のことを褶曲といいます。褶曲は、比較的、軟らかい地層で起こります。

　この断層や褶曲は、地層が地下にあるときに力を受けてできますが、それらとは異なり、現在の地形の状態の影響を受けて地層が変形することがあります。山地の斜面では、斜面下部が侵食されるなど不安定な状態になると、岩盤の変形が起こることがあります。岩盤がゆっくりと動くことから岩盤クリープともよばれます。地層の層理や片理といった割れやすい方向に割れ目が入り変形することで、地層が斜面下方にお辞儀しているような構造や、ひざを折り曲げたような構造が生まれます。

052

▶ 断層と褶曲

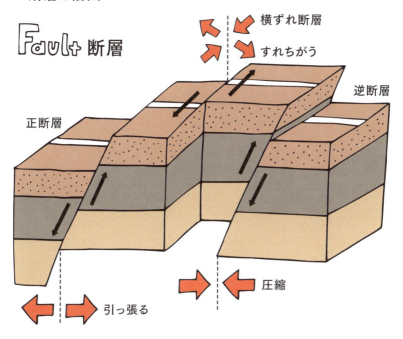

地層の色と模様

　地層には、さまざまな色や模様があります。それらはそれぞれ、その地層の成り立ちに影響されているもので、そこからさまざまなことを読み取れます。

　地表を覆う土は、黒色です。これは、植物の体が分解された有機物が多く含まれているためです。湿地にできる泥炭は、植物の遺骸（いがい）が集積したもので、その色は真っ黒です。

　有機物が少なく、その地域の地質や環境の影響を受けている土は、いろいろな色をしています。鉄を多く含む土は、鉄が酸化して（錆びて）赤くなります。関東平野には赤土とよばれる関東ローム層が広く分布していますが、これは、その起源が火山噴火の際に噴出した火山灰であり、その中に含まれる鉄の成分が酸化しているためです。熱帯の地域では、赤い土（ラテライト）が多く分布していますが、この赤いのも鉄分が酸化しているためです。こうした酸化して赤くなる土は、逆に酸素が少ない還元状態では、青緑色になります。

　石も、種類によって色が異なります。赤い色をした石でよく知られているのはチャートです。このチャートの赤色も含まれる鉄が酸化しているためです。チャートは赤色だけでなく白っぽいものもあります。これは、石英が多く含まれるためです。

　青石（あおいし）とよばれる庭などに使われる石があります。青緑色をした結晶片岩で、秩父青石、紀州青石、伊予青石などがあります。この石の色は、岩石に含まれる緑泥石（りょくでいせき）という鉱物によるものです。この鉱物は地下で高い圧力を受けてできるもので、この石が、そうした変成作用（低温高圧型の変成）を受けていることを示しています。

　地層の外見を特徴づけるものには、こうした色の他に、模様がありま

▶ 岩石の色のもとは何？

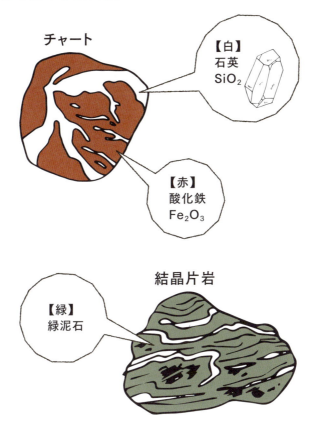

す。地層をみて、もっとも良く目に入るのは、地層と地層の境界である層理（そうり）というものです。また、地層の中に入っている大小さまざまな割れ目は、節理（せつり）とよばれるものです。さらに、片岩などの一方向に剥がれやすい岩石は、片理（へんり）という構造が存在します。堆積物やそれが元になってできた岩石には、一回の堆積の過程を示す葉理（ようり）があります。

岩石の種類と地層の構造

もろくなっていく岩石

　硬い岩石でも、時間が経つと、だんだんともろくなっていきます。こうした現象を、風化といいます。風化は、表面が濡れたり、乾いたり、熱せられたり、それが冷めたりを繰り返すこと、化学的な変化が起こること、生物の影響を受けることなどによって起こります。岩石の種類によっては、風化によって内部と見かけがまったく異なってしまうものがあります。地層の観察をする際には、表面の風化した部分を取り除かないと、岩石の種類などを見誤ってしまうことがあります。

　花崗岩は硬い岩石ですが、風化すると真砂（マサ）とよばれる砂になってしまいます。元々、花崗岩には、縦横に直交している割れ目が入っているため、そこから水が染み込み風化が進んでいきます。そこからだんだんと風化している部分が広がっていくと、割れ目に挟まれた部分は丸い岩として取り残されていきます。長い時間を経て、マサの部分が侵食されてしまうと、丸い石だけが山の上に取り残されることになります。

　海岸では、風化によって蜂の巣状の小さな地形がつくられることがあります。タフォニとよばれるものです。このタフォニは、海水が原因となって起こる風化によってできるものです。海岸線近くの岩盤には、波などによって飛び散った海水が染み込んでいます。そ

の海水が乾燥するときに、海水に含まれている塩類が結晶をつくります。その結晶が成長していくときに、岩盤の表面を破壊してくぼみをつくっていきます。くぼんでいるところほど、海水が染み込みやすいので、より風化が進み、蜂の巣のような模様になっていくのです。

岩盤の割れ目に植物が根を入り込ませているのは、生物による風化です。たとえば、石割の松といった名前がついていることがあります、木が成長するにしたがってその割れ目を大きくし、岩を割っていくのです。

▶ **風化で見た目が変わる岩石**

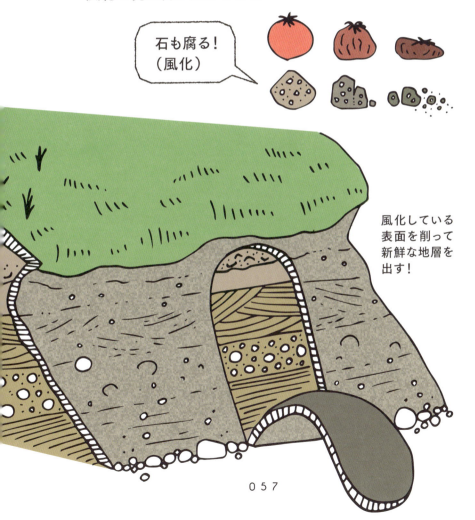

きほんミニコラム

県の石

　日本地質学会では、2016年5月に、県の石として、各都道府県で1つずつ、岩石、鉱物、化石を選びました。各都道府県から産出する石の中で特にその地域を代表するものが選ばれています。ここでは、岩石の一覧を示します。鉱物と化石の一覧とそれぞれの解説については、日本地質学会のウェブサイトをご覧ください。

47都道府県の石（岩石）

北海道	かんらん岩		三重県	熊野酸性岩類
青森県	錦石（鉄分を含む主に玉髄からなる岩石）		滋賀県	湖東流紋岩
			京都府	鳴滝砥石（前期三畳紀珪質粘土岩）
岩手県	蛇紋岩		兵庫県	アルカリ玄武岩
秋田県	硬質泥岩		大阪府	和泉石[和泉青石]（砂岩）
宮城県	スレート		奈良県	玄武岩枕状溶岩
山形県	デイサイト凝灰岩		和歌山県	珪長質火成岩類
福島県	片麻岩		香川県	讃岐石（古銅輝石安山岩）
茨城県	花崗岩		徳島県	青色片岩
栃木県	大谷石（凝灰岩）		高知県	花崗岩類（閃長岩）
群馬県	鬼押出し溶岩（安山岩）		愛媛県	エクロジャイト
埼玉県	片岩		鳥取県	砂丘堆積物
東京都	無人岩		島根県	来待石（凝灰質砂岩）
千葉県	房州石（凝灰質砂岩・細礫岩）		岡山県	万成石（花崗岩）
神奈川県	トーナル岩		広島県	広島花崗岩
新潟県	ひすい輝石岩		山口県	石灰岩
富山県	オニックスマーブル（トラバーチン）		福岡県	石炭
石川県	珪藻土（珪藻泥岩）		佐賀県	陶石（変質流紋岩火砕岩）
福井県	笏谷石（火山礫凝灰岩）		長崎県	デイサイト溶岩
静岡県	赤岩（凝灰角礫岩）		大分県	黒曜石
山梨県	玄武岩溶岩		熊本県	溶結凝灰岩
長野県	黒曜石		宮崎県	鬼の洗濯岩（砂岩泥岩互層）
岐阜県	チャート		鹿児島県	シラス（主に入戸火砕流堆積物）
愛知県	松脂岩		沖縄県	琉球石灰岩

http://www.geosociety.jp/name/category0022.html

Chapter 4

化石と地質の時代

24

化石と地質の時代

地層に残された
生き物の痕跡

　地層に残された生物の痕跡が化石です。それは、骨や貝殻といった生物の体の全部または一部が残ったものや、生物の生活のあとが残ったものです。地球の歴史は、こうした化石によって明らかにされてきました。

　骨や貝殻、植物の遺骸など生物の体が、そのまま残されるか、あるいは鉱物に置き換えられて残っている化石があります。これらは体化石とよばれます。また、生物の遺骸は残らず、その形がスタンプのように地層の中に残される化石もあります。これらは印象化石とよばれます。この体化石と印象化石をあわせて遺体化石とよびます。

　地球上のすべての生き物が遺体化石になっているわけではありません。また化石があったとしても、それらは、生物についてのすべての情報を残しているわけではなく、断片的な情報しかもたらしません。骨や貝殻は、比較的残りやすいものですが、肉の部分は残りません。軟体動物などは、運良く印象化石として残されない限り、化石としては残りにくいものです。骨が残されていたとしても、生物が死んだあとに、元々あった場所から流されてしまうことがしばしばあり、どのような骨格であったのか、また、どこで生活していたのかなどがわかりにくく、復元するのが難しい場合があります。

　遺体化石のほか、生痕化石とよばれる、生物の巣穴、足跡、糞などが地層の中に残された、生物の生活のあとの化石があります。これは、生物の暮らしぶりを知るのに役にたちます。

　たとえば生物の巣穴の形を現在の生き物の巣穴の形と比較することで、巣穴をどのように掘っていたのかを推定することができます。また、糞の化石から化石としては残らない内臓の様子を推定することができます。足跡の化石からは、体のバランスなどを推定することができます。

▶ 化石として残るもの

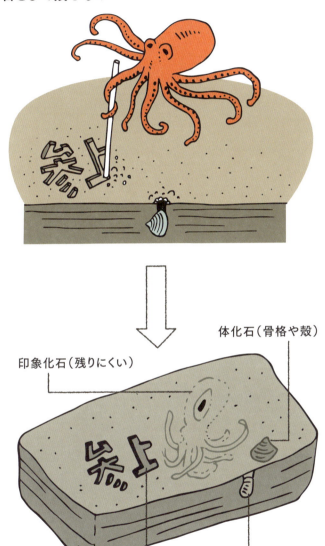

こうした地層に残された生き物のさまざまな痕跡を分析し、総合的に考えて、かつての生き物の暮らしぶりを復元します。

25 化石からわかること

化石と地質の時代

　地層がつくられていくときには、今ある地層の上に新しい地層が堆積するので、下から上に向かって、地層は新しくなっていきます。この地層の見方の基本的な考え方は、地層累重の法則とよばれます。この地層累重の法則は、1600年代にデンマークのステノによって発見されます。その後、1700年代末にウィリアム＝スミスによって、この法則が確立されたので、ステノ・スミスの法則ともいわれます。現代のようにさまざまな方法で、地層の年代を調べることができなかった時代には、地層の時代を決める上での重要な情報は化石でした。地層から産出される化石を比較し、より複雑な形態をしている方が、進化をしている、すなわち時代的に新しいということになります。

　化石は、こうした地層の順序を決めるだけでなく、さまざまな地質の成り立ちに関わる情報を提供してくれます。ある地層に含まれる化石は、異なる地層から

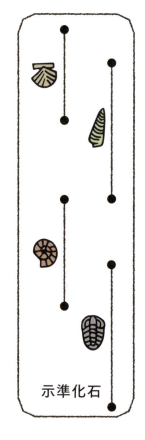
示準化石

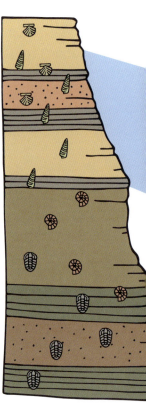

062

は産出しないことがわかると、離れた場所の地層を比べることができます。そうして断続的にある地層の情報から、その地域全体の地層の積み重なりを調べることができるのです。このような地層の基準になる化石のことを示準化石とよびます。

化石を使うと、そこがどのような環境であったのかも調べることができます。浅い海に暮らす貝が化石として発見されれば、その地層は浅い海で堆積した物ということがわかります。また、暖かい地域に住む動物の化石が見つかれば、その地層の堆積当時は気温が高かったことがわかります。このように、過去の環境を示す化石のことを示相化石とよびます。このようにして、地質学の研究は、化石を使って飛躍的に発展していくことになりました。

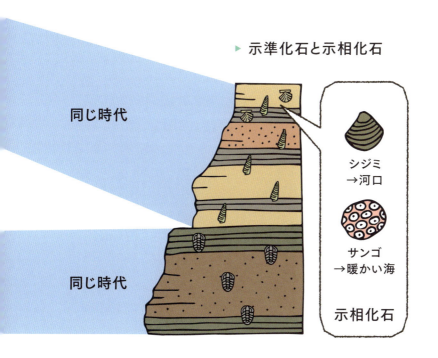

▶ 示準化石と示相化石

26

化石と地質の時代

絶滅してしまった
生物の復元

　研究者は、地層の中から掘り出された化石を使って、かつてどのような生物がいたのか復元をしますが、現在は絶滅してしまっている生物の場合、その復元はたいへん困難です。

　地球上に大型の生物が誕生したカンブリア紀の生き物でアノマロカリスという動物がいます。この生物はカンブリア紀には、最大の動物として繁栄しましたが、現在、その子孫は生き残っていません。そのため、化石からその形を復元するのは簡単ではありませんでした。当初は、このアノマロカリスの化石は、エビのしっぽと考えられていました。しかし、エビの頭などが周囲から発見されなかったため、「奇妙なエビ」を意味するアノマロカリスという学名がつけられました。これとは別に、口は別の生き物として発見されていました。それは、クラゲの化石と考えられていました。しかし、そのクラゲは真ん中に穴が空いていて、奇妙な形をしたものと考えられていました。また、胴体はナマコの一種と考えられていました。そのナマコは、ヒレを持ったりしていて、やはり奇妙な形をしたものと考えられていました。それぞれペユトイア、ラガニアと名前がつけられていました。

　その後の発掘で、奇妙なエビと、真ん中に穴のあいたクラゲと、ヒレのついたナマコが、1つになった化石が発見され、別の生物と考えられていた生き物は1つの生き物として理解されるようになりました。エビは触手、クラゲは口、ナマコは胴体だったのです。そして、その後、この生き物に改めて、アノマロカリスという名前がつけられました。

　この生き物については、現在も研究が進んでいます。海水中を泳いでいた生き物だと思われていましたが、海底を這って暮らしていたという説も出されています。

064

▶ 化石から復元する生物

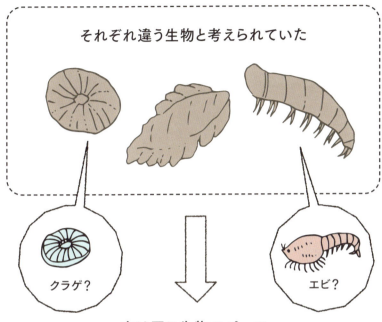

それぞれ違う生物と考えられていた

クラゲ？　　エビ？

実は同じ生物のパーツ

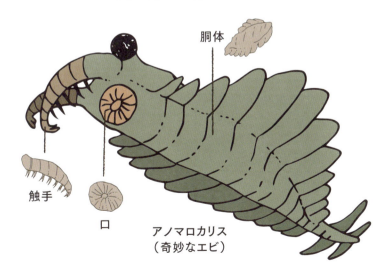

胴体
触手
口
アノマロカリス（奇妙なエビ）

微化石の世界

27

化石と地質の時代
- - - - - - - - - - - - -

　地層の上下関係を調べたり、離れた場所の地層を対比したりするのに、化石はとても役に立つものです。地層の研究と化石の研究は二人三脚で進んできたともいえます。しかし、化石にも弱点があります。当たり前のことですが、化石が出ない堆積岩では、化石を使えません。また、化石の産出があまり良くない場合には、複雑な地層の構造を解明するには情報が足りないということがありました。

　日本では、付加体とよばれている地層が広く分布していますが、この地層の年代は、現在考えられている年代と、かつて考えられていたものは、大きく異なるものでした。以前は、顕微鏡で観察することのできる、石灰岩に含まれるフズリナの化石を使い、岩石の年代を推定していました。石灰岩のほかにも、チャートや泥岩の地層が分布していたのですが、それらからは、肉眼で観察できる地層が発見されていなかったので、それらの岩石が分析されることはありませんでした。

　その後、硬い岩石であるチャートから、ガラスの骨格を持つ放散虫の微化石を抽出する方法が確立しました。電子顕微鏡を使うと、非常に小さい放散虫の化石（50 〜 100 μm、1 mm の 1/10 から 1/20）の観察ができるようになったのです。その放散虫を調べると、地層の年代は、フズリナの化石に基づいて推定されていた年代よりも、大幅に新しいと考えられるようになったのです。石灰岩の岩石は、古い時代の岩石のブロックが新しい岩石に取り込まれたもので、地層のできた時代を推定するには適していないものでした。こうした放散虫の研究によって、地層の年代感が大きく変化したので、この研究の進展を、放散虫革命ということがあります。この研究とプレートテクトニクスの研究が結びつき、日本列島形成の理解が大きく前進しました。

▶ 放散虫の形態変化

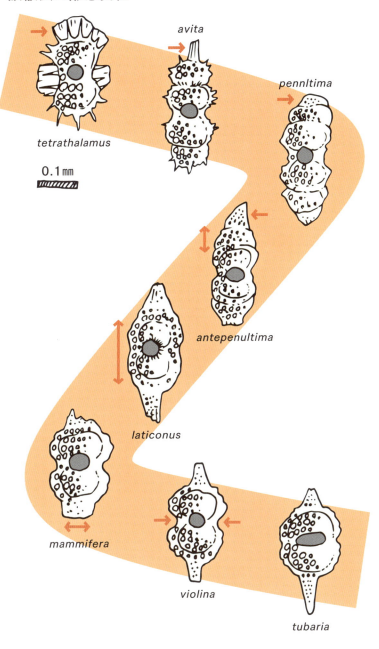

28

化石と地質の時代

地層に残された
地球の磁場

　方位を調べるには、いくつかの方法があります。そのうちの1つは、そのときの時間と太陽の位置から推測する方法です。また、夜であれば、北極星を探すという方法もあります。最も簡単なのは、方位磁石を使う方法で、方位磁石が北を指してくれます。

　方位磁石が北を指すのは、地球が大きな磁石になっているからです。私たちの持っている方位磁石のN極が、地球という大きな磁石のS極に引き寄せられて、方位磁石は、北を示します。

　磁石のような性質を持つ理由としては、地球が発電機のような状態にあるためと考えられています。これをダイナモ理論といいます。地球の中心に鉄やニッケルからなる核があり、それが自転の影響をうけて対流し、そこで電流が生じ、ダイナモ（発電機）のような状態になり磁力を発していると考えられています。

　磁石の働きのことを磁気といい、地球という磁石の働きを地磁気といいます。この地磁気は、地球の長い歴史の中で、ずっと作用してきました。地磁気は、ある程度時間がたつと、N極とS極とが入れ替わるという特徴を持っています。この入れ替わりは数万年から数十万年という間隔で起こっています。

　この過去の地磁気の記録は、火山岩に残されています。マグマが地上に出ると、その中に含まれる磁性を持つ鉱物は、そのときの地磁気の影響を受けて、それぞれが方位磁石のように同じ向きに揃っていきます。そこで岩石が固まるので、火山岩はそれが冷えて固まったときの地球の磁場を記録しているのです。海底火山のような連続して火山岩が作り出されているところで、火山岩の地層を連続して調べると、地磁気が数万年〜数十万年のサイクルで入れ替わっている様子がわかります。

▶ 岩石に記録される地球の磁場

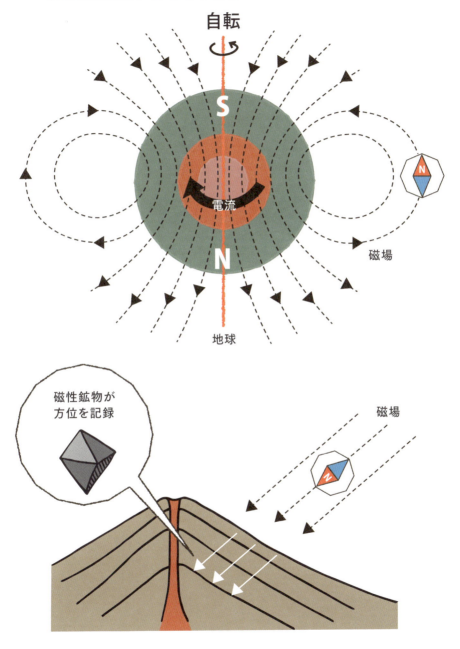

化石と地質の時代

地層からわかる過去の環境

　地層には、さまざまな情報の記録が残されていて、それを読み解くことで、過去の自然環境について理解することができるようになります。地層の中に火山灰があれば、その当時、火山の噴火があったことがわかります。また、地層のずれである断層があれば、地震が起こったことが推測できます。

　地層から過去の気温の変化を推定することもできます。これは、気温の変化に連動して氷河や氷床が消長するという現象を使います。

　陸上の氷河・氷床の起源は雪です。極域や山岳地域に降った雪が越年し、氷となり流動することで氷河となります。その雪の起源は雲であり、その雲の起源は海で蒸発した水蒸気です。その水蒸気である水は、水素と酸素が結合したものです。その酸素には、同位体元素といって、ごくわずかですが、原子量が少ない酸素が存在します。海水から蒸発しやすいのは、原子量の少ない酸素が結合している軽い水です。氷河が拡大する寒冷な時期には、この軽い水が、氷河として陸上に蓄えられ、海水には重たい水が残ります。

　一方、氷河が溶ける温暖な時期には、陸上の氷が減って軽い水が海に流れ込むので、寒冷な時期に比べると、重たい水の割合が減ります。こうした変化は、そのときに海水中に暮らしている有孔虫というプランクトンの殻に記録されています。有孔虫は、死ぬと海底に堆積していきます。海底の地層に堆積している有孔虫の殻を連続的に採取し、それに含まれる、重たい酸素と軽い酸素の比率を調べると、時代によって、その値が変化します。この割合の変化は、過去の気温の変化に読み替えることができるのです。

▶ 酸素同位体比でわかる気温変化

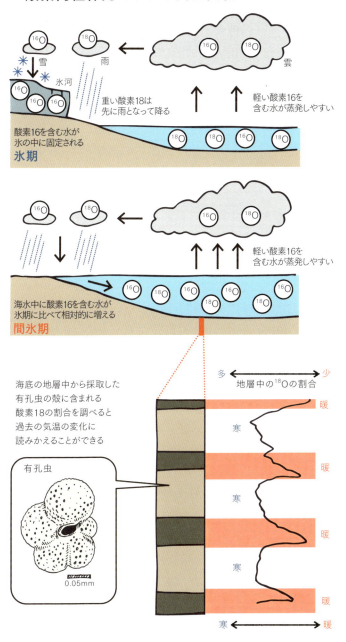

30

化石と地質の時代

地層の境界と年代

　私たちは、時計やカレンダーを使って、時間や日、週、月、年を区切って、生活しています。また、日本の歴史を理解するときには、古墳時代や、飛鳥時代、江戸時代など、時代ごとに名前をつけて整理をしています。地球の歴史にも、同じように名前が付けられています。

　地球の歴史を区分するときに使われているのが地層です。地層には、化石が含まれるほか、氷河の拡大・縮小といった気候の変化や、その時々の大気や海水の状態を示す情報、地磁気の情報などが含まれています。これらを分析して、地層の境界を定め、それぞれの時代を決めているのです。

　こうした対応があるため、地球の歴史である地質年代を示す語と、地層の名前は対応づけてよばれます。たとえば、大きな時代の区分である、古生代、中生代、新生代という分類がありますが、それぞれの時代に堆積した地層は、古生界、中生界、新生界とよばれます。この代を分ける区分は、紀です。紀に対応する地層は、系といいます。第四紀に堆積した地層は第四系とよばれます。さらに紀を分ける区分は、世になります。世に対応する地層は、統です。

　地層は、地球の環境の変化を記録しているものですから、世界中で比べることが可能なものです。世界中の研究者が協力して、研究を進め、情報を集めて、地層の境界を定めて、地球全体のカレンダーづくりをすすめています。科学的な情報に基づいて判断されますが、それを判断するのは人間なので、地質時代の境界は、絶対的なものではなく、その時々の研究者の判断で変化します。

　今から78万年前の地質時代の変わり目（地層の境界）については、現在議論が進んでいて、今後、千葉県の地層に基づいて定義されるかも

▶ さまざまな記録で決まる地層境界

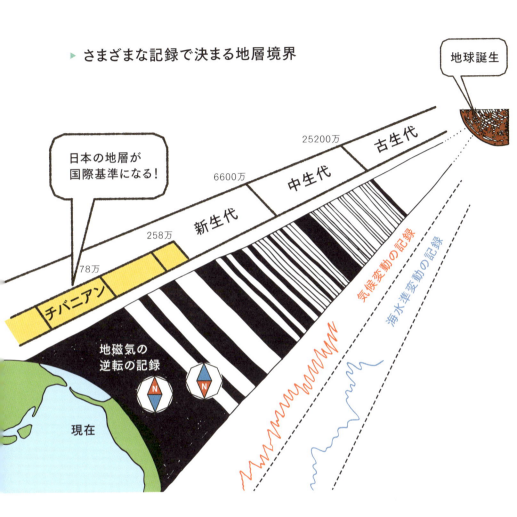

しれません。次のページで説明するように、地層の名前は、これまでヨーロッパの地名が使われることが多かったのですが、日本の地名が使われるかもしれません。千葉県の地層で境界が定められることになると、78万年前から12.6万年前までの時代の名前は、Chibanian（チバニアン）という名前になります。

31

化石と地質の時代

地層で区分される地球の歴史

　地球の歴史を見てみると、過去、さまざまな生物が繁栄し、そして絶滅してきました。その記録は、化石として地層のなかに残っています。そのため、地球の歴史は、どのような化石が出てくるのかということによって区分されています。この区分された時代のことを地質時代といいます。その区分と対応して、地層の名前が付けられています。

　化石からわかる地球の歴史は、大きく３つの時代に区分されています。古い時代の生き物がいた古生代、その次の中生代、そして現在を含む新生代です。

　古生代は、さまざまな生物が発生し、魚類や植物、昆虫、両生類などが繁栄します。カンブリア紀、オルドビス紀、シルル紀、デボン紀、石炭紀、ペルム紀という時代に区分されます。ここでどの時代も「紀」という名前がついていますが、これは、代よりも小さな区分であることを示します。石炭紀は、世界各地で産出する石炭ができた時代です。それ以外の名前は、地層が発見された場所の地名がついています。

　中生代は、恐竜の時代です。三畳紀、ジュラ紀、白亜紀にわかれます。三畳紀は、その時代の地層が、ちょうど三層構造になっているためにつけられました。白亜紀は、フランスで見られる白い未固結の石灰岩の地層に由来します。ジュラは地名です。

　新生代は、恐竜が絶滅し、哺乳類が繁栄した時代です。古第三紀、新第三紀と第四紀に分かれます。第三紀、第四紀という名は、地層の名前をつけ始めたときに、地層を大きく分けて、第一紀、第二紀、第三紀としたときの名残です。第一紀と第二紀は、区分が見直され、より細分化されたために名前が残っていませんが、第三紀は現在まで残っています。この第三紀も国際的には見直されています。

074

古生代の前は、化石として生物が残っていませんので、このような化石による区分はできません。古生代の最初であるカンブリア紀の前ということで、先カンブリア時代とよばれています。

　地球の歴史は46億年と考えられていますが、化石が残る古生代は、5.4億年前に始まります。地球の歴史は、生物が誕生するまでが約40億年、誕生してからが約5億年と、生物がほとんどいない時代が圧倒的に長かったのです。

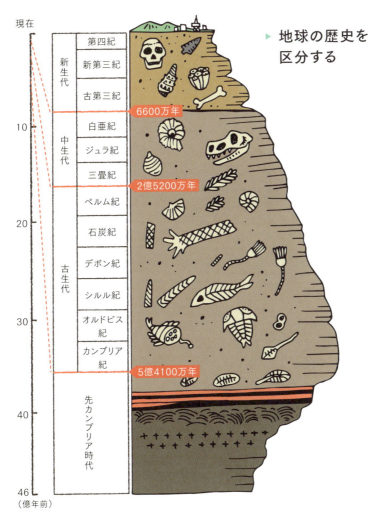

▶ 地球の歴史を区分する

地層の名前の付け方

化石と地質の時代

32

　動物や植物の種に名前が付けられているのと同じように、地層にも名前が付けられています。しかし、それぞれの地層の持つ情報は断片的であり、すべての地層の素状がわかっているわけではありません。さらに、動植物のように、個体がはっきり分かれているわけでもないので、すべての地層に名前をつけるのは困難です。

　情報がほとんどないときには、それをつくっている物質名でよばれます。すでに年代がわかっている地層との前後関係や、各種の年代測定手法を用いて、地層の時代がわかると、その地層ができた時代の名前を使ってよばれます。さらに、詳しく地質調査を行い、似た性質を持つ地層がどこに分布しているのかが明らかになると、最初に研究された場所の地名でよばれるようになります。

　例えば、九州山地、四国山地、紀伊山地、赤石山脈の主要な部分を占める岩石は、砂岩や泥岩、チャートなどですが、これらはまとめて四万十帯とよばれます。これは、この地質が四国の四万十川で、初めて学術的に記録されたからです。このようなその地質の標準となる場所のことを模式地といいます。日本には大きな地質のグループとして、領家帯、三波川帯、秩父帯などのよび方がありますが、これらはいずれも地名です。

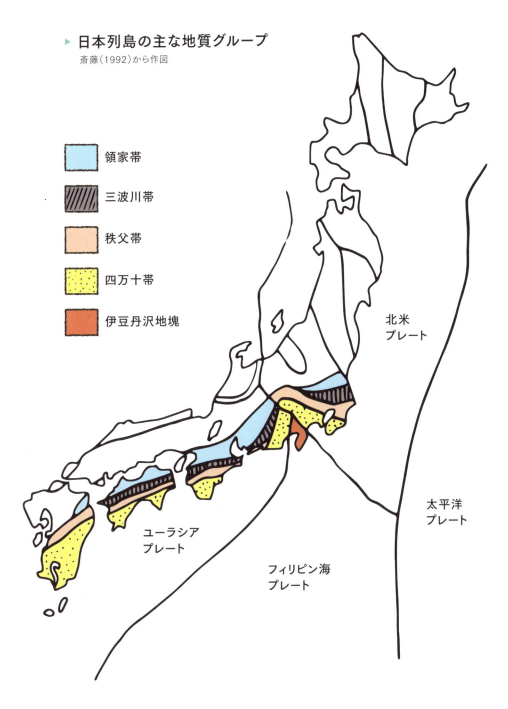

▶ 日本列島の主な地質グループ
斎藤(1992)から作図

現在の地球（完新世）

　現在は、地球の歴史の中では、氷河時代にあたります。氷河時代には暖かい時期と寒い時期があり、現在は、暖かい時期です。現在を含むこの暖かい時期を、完新世とよびます。この時期のスタートは、約1万年前になります。その前の寒い時期、すなわち氷期がこのときに終わりました。氷期の後なので後氷期ともよばれます。

　完新世には、氷河・氷床が溶け、海水準が上がっていきます。川の最下流部の谷底には海が入り込み、浅い海となり、上流から運ばれてきた土砂が堆積していきます。そしてそこは低地として新しい陸地になっていきます。そこを流れる川は、しばしば氾濫し、新しい地層をつくっていきます。平野の中でも最も低い低地は、完新世につくられた地形です。その地層は、軟らかく、地震のときには、ほかの地層のところに比べると震度で1大きくなるといわれています。

　完新世という時期は、地球の歴史の中での区分ですが、この気候の変動は、人間の活動に大きく影響を与えています。日本では、1万6000年前頃に旧石器時代がおわり、縄文時代草創期が始まります。これは完新世の前の更新世末期になると徐々に温暖化がはじまり、自然環境が変化し、それに伴い生活様式が変化していったためと考えられます。

　人間が大地の形を変えはじめるのは、完新世に入ってからのことです。縄文時代には、貝の加工が盛んに行われていたようで、貝塚の遺跡が各地で発見されています。現代では、海岸部に土砂などを埋めて、埋立地をつくり、その上で多くの人が暮らしています。

▶ 人間活動と新しい地層

34　化石と地質の時代

人類の時代（第四紀）

　前頁で説明した完新世の前の時期を更新世といいます。更新世は、寒い氷期と暖かい間氷期とが繰り返された時期です。その周期はおよそ10万年です。この完新世と更新世をあわせた時代を第四紀とよびます。今から258万年前から現在までの時代です。

　第四紀の特徴は、地球全体で気候の寒冷化が起こることです。第四紀を通して氷河時代といえます。この氷河時代は、ずっと寒冷というわけではなく、氷期と間氷期が繰り返されます。氷期には氷河・氷床が拡大し、間氷期には縮小します。こうした気候変動のなかで人類は、進化し、生活の場を拡大させてきました。

▶ 氷河時代を生きてきた人類

第四紀は、ヒト属（ホモ属）の出現で特徴づけられます。当初は、第四紀という区分は、ヒト属が進化していった時期として考えられてきました。そのため、人類紀ともよばれていました。その後、動植物の化石や、古地磁気、火山灰などを使って第四紀の始まりが定義されるようになりました。

　日本列島の地形が形成されたのも、第四紀です。第四紀になると、山地の隆起が始まります。気候変動が山地の隆起に影響を与えたわけではなく、プレートの運動の様式の変化により、地殻変動が活発になります。山地が隆起すると周辺に土砂がたまり、平野が広がっていきます。比較的平坦だった地形から、山地と平野とが分かれる起伏に富んだ地形になっていきます。山地の標高の高いところでは、氷期には氷河地形がつくられます。このように、日本の地形の多様性は、第四紀に高まっていくことになります。

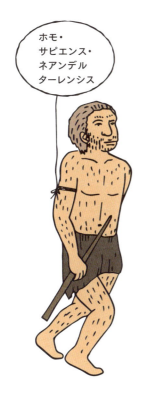

35 生物の大量絶滅

化石と地質の時代

　地質時代の区分は、地層から産出する化石により行われてきました。地層を調べると、化石が大きく変わるところがあります。そこが、地質時代の境界になります。化石が大きく変わるということは、そのときの地球の環境が大きく変わり、生物相が大きく変わったことを意味します。生物相が大きく変わるということは、そのとき繁栄していた生物は絶滅し、違う生き物が繁栄するようになるということです。繁栄していた生物の絶滅を引き起こすような大事件とはどのようなものでしょう。

　生物の大量絶滅事件の１つは、中生代末の恐竜の絶滅です。このと

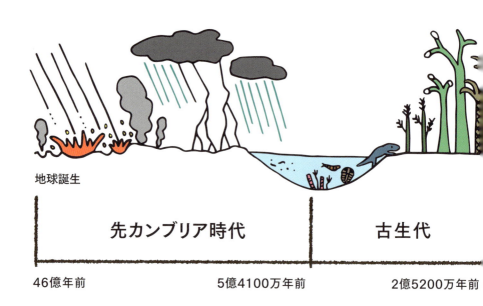

地球誕生　　　　先カンブリア時代　　　　　　古生代

46億年前　　　　　　5億4100万年前　　　　2億5200万年前

082

き以降が新生代となっています。恐竜は、三畳紀に爬虫類から進化し誕生しました。その後、ジュラ紀、白亜紀と恐竜が繁栄しました。地球は、恐竜の星でしたが、その終焉は、突然訪れたと考えられています。メキシコのユカタン半島付近に巨大隕石が落下し、地球の環境が激変したことで生物の大量絶滅が引き起こされました。その隕石衝突の跡は、直径約10 kmにも及びます。隕石の落下により、大量の塵が巻き上がり、それにより地表に届く太陽光線が減少し植物の生育が悪くなり、食物連鎖が崩壊し大量絶滅が起こったと考えられています。

古生代末にも生物の大量絶滅が起こりました。海に生育していたアンモナイトやフズリナ、サンゴ、陸上の昆虫などが大量に絶滅しています。この大量絶滅は、巨大な火山噴火や巨大隕石の落下が原因と考えられています。生物の大量絶滅が起こると、生き延びた生物の中から新しい環境に適応する生物が繁栄し、生態系が変化してきました。

▶ 地球誕生から現在までの出来事

36

化石と地質の時代

人新世

　私たちは、豊かな生活を求め、たくさんのものをつくり出してきました。その一方で、たくさんのゴミもつくり出してきました。たとえば、石油などが原料になるプラスチックは、軽く、加工も簡単であるため、様々な製品に使われています。しかし、一度使われたものの多くはゴミとして捨てられています。それらは、燃やされるか埋められています。燃やしたとしても、燃えカスは残り、それも埋められています。こうしたゴミは、人類がプラスチックを発明するまでは地球上に存在していませんでした。私たちは、46億年の地球の歴史のなかで、存在していなかったものを、地層として残しているのです。

　ビルなどの建造物を壊したときに出るコンクリートのブロックも地下に埋められています。また、自動車が排気ガスとして出している微粒子や、放射性の微粒子も、広い範囲に巻き散らされています。これらも、新しい地層をつくりだしています。

　人類が工業化を進めて、現代文明を築く前までは、人間のつくり出したものは、基本的には自然の営みの中で大半が分解され、自然に戻っていました。しかし、現代では、そうした自然のサイクルに戻らないものを大量につくりだし、さらには、自然のサイクルにも影響を及ぼしている状況です。

　こうした現代は、地球の歴史の中で、今までとは異なる別の時代として理解したほうが良いという考えが、最近提唱されています。それを提唱しているのは、オゾン層破壊の研究で1995年にノーベル化学賞を受賞したオランダの科学者パウル＝クルッツェンです。彼は、現在は、完新世が終わり新しい時期に入ったとし、それを人新世（Anthropocene）と名付けました。地球の歴史は、人間の力が到底及ばない壮大な変動の

中で積み重ねられてきましたが、現代の人類の活動は、そうした自然の営みに並ぶほどの大きなものになってきているのでしょう。私たちの現代文明の本質は、地球のシステムに影響を与えるほどの廃棄物を、ただつくり出していくシステムなのかもしれません。人類は、どのように生きていくべきかが問われているといえるでしょう。

▶ 人が残す地層とは？

きほんミニコラム

化石の探し方

　化石は、昔の生物などが地層として固まったものですから、どこにでもあるというわけではありません。地下のマグマが固まってできた花崗岩や、火山噴火のときにできた安山岩や玄武岩などの火成岩には含まれません。

　化石ができるのは、その地層が堆積したときに、そこに生き物がいて、それが運良く保存されたときです。海や湖で生き物が死ぬと、死骸が海や湖の底に堆積します。その上を砂や泥が覆い、死骸がそこに閉じ込められてしまうと化石になります。砂岩や泥岩といった堆積岩からは、しばしば化石が発見されます。しかし、生物の死骸がうまく保存されないと化石はできないので、泥岩や砂岩であれば、どこにでも化石があるというわけではありません。

　日本は隆起の速度が速く、山崩れも多く、古い地層が次々と削られていってしまい、安定している大陸に比べると古い時代の化石が残りにくい場所です。

　化石がよく産出する地層というのは、日本各地で既に調べられていますので、市販のガイドブックなどを参照するとよいでしょう。また、地域に地学系の博物館があれば、学芸員の人に聞いてみるのもよいでしょう。

Chapter 5

いろいろな地層

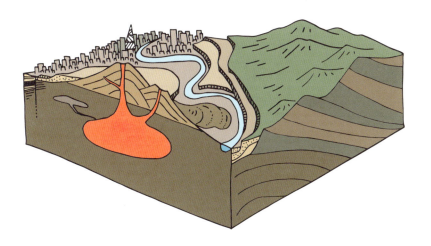

日本列島の地層

　日本列島にはさまざまな地層がありますが、それらは一定の規則性を持って並んでいます。その境界となっているのは大きな断層、構造線です。日本列島の地質を理解する上で、必要となるのは、東と西に分ける糸魚川－静岡構造線、その西側を南北に分ける中央構造線です。糸魚川－静岡構造線から東側は東北日本、西側は西南日本とよばれます。西南日本は、中央構造線によって北側（大陸側）と、南側（大洋側）に分けられ、北側を西南日本内帯、南側を西南日本外帯とよびます。

　西南日本の地層を見ると、東西方向に連続して分布しています。特に外帯には、堆積岩が広く分布します。この外帯の地質には、目に見えるような大きな化石が含まれていないため、以前は、その堆積した時代やメカニズムが不明瞭でした。1960年代になって、1mmの1/1000の単位のμm（マイクロメートル）の大きさのものを観察できる電子顕微鏡が普及し、地層の中に含まれるプランクトンの殻が観察できるようになりました。プランクトンといえども、長い時間をかけて進化しています。地層の中に含まれるプランクトンの形態を順に追っていくと、地層の形成の順序がわかってきました。

　この地層の特徴は、褶曲などで上下逆転しているわけではないのに、古いものほど上部に分布していることです。地層は古いものほど下にあるというのは、地層のでき方の基本的な考え方ですが、この地層は、それに反していました。

　この地層の配列は、海底に堆積したものが、海洋プレートの動きによって海から陸に向かって、次々と押し付けられてできるために生まれたものでした。海洋プレートは、海溝のところで沈みこんでいきますが、そこで海底に堆積していた、溶岩、サンゴ礁、チャート、泥、砂などが

次々と前の時代の地層の底に押し付けられていきます。それが繰り返されて古い時代の地層の下に新しい地層が付け加えられていくことになります。このようにしてできる地層を付加体といいます。日本列島の地層の多くの部分は、このような付加体によってつくられています。

　西南日本内帯では、この付加体の地質が侵食をうけ、部分的に残るか、それよりも下部にあった深成岩である花崗岩が現れています。また、東北日本も同じように付加体の地質が分布していますが、火山が多く、火山噴火に伴う地層が各地を覆っています。

▶ 日本列島をつくる要因

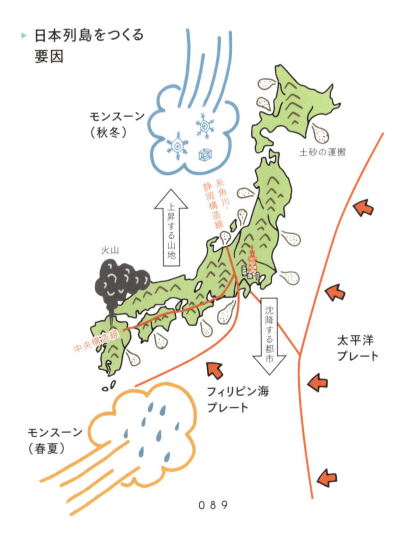

大陸の地層、海底の地層、島の地層

　地球の表面を分類すると、大陸と島からなる陸地と、海底とに分類できます。大陸は、広い面積を持つ陸地でユーラシア大陸、北アメリカ大陸、南アメリカ大陸、アフリカ大陸、オーストラリア大陸、南極大陸の6つになります。一方、島は、狭い面積の陸地です。これらの大陸、海底、島というのは、地層の面からみてもそれぞれ特徴を持っています。
　大陸は、面積が広いだけではなく、地層の形成時期がたいへん古いも

▶ **大陸と海底と島弧の関係**

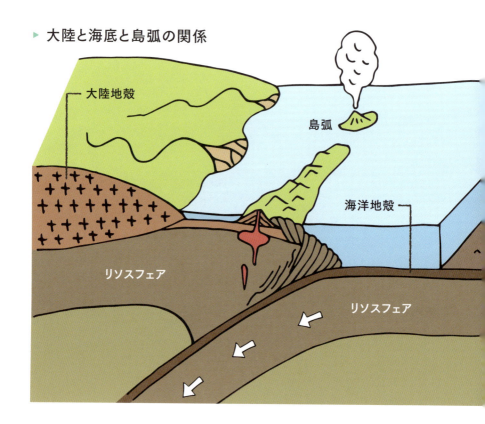

のです。たとえば、世界最古の地層は、約40億年前のもので、カナダで発見されています。大陸の地層の中心となる部分は、主に花崗岩質の岩石からつくられています。その多くは35億年前～25億年前につくられ、その後、徐々に拡大していきました。そうしてできた大陸は、その後、別の大陸との衝突・合体を繰り返して現在の形に至っています。大陸があるということは、海面上に陸地があるということで、そこでは、風化、侵食が激しく起こります。それが大陸縁辺部に流れ出し、新しい地層をつくります。地球の歴史の中で、大陸ができたということは、とても大きな出来事だったといえます。

　海底は、大陸ほど古い地層ではありません。古いものでも2億年程度です。大洋の海底は、海嶺とよばれる海底火山でつくられて行きます。そこでは、地下からマグマが次々と上がってくるため、新しい海底は、玄武岩質の溶岩からできています。そして、その海底は、海嶺から離れていくと、その上に、サンゴ礁ができ、海底にはチャートが堆積し、泥や砂も堆積していきます。玄武岩質の溶岩や、サンゴ礁起源の石灰岩、チャート、砂岩、泥岩といった地質からなるのが、海底の地層の特徴です。

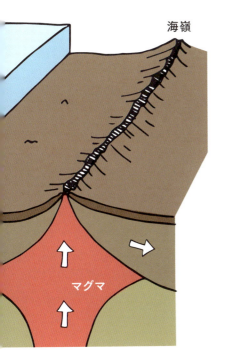

　大陸の縁には、島が数多くあります。日本列島も、その1つです。海底の地層が、大陸の縁に押しつけられてつくられていきます。そして、隆起も激しく、侵食もされるので、古い地層はあまりよく残りません。火山の噴火もあり、その堆積物が多くあります。変動が激しいなかでつくられていくのが島の地層の特徴です。

級化構造と
タービダイト

いろいろな地層

　海岸線から離れた沖や湖に流れ込んだ砂や泥は、そこでは、流れがほとんどないため、ゆっくりと沈んでいきます。沈むスピードは、粒の大きさの影響を受けます。真空中では、大小の異なる重さのおもりを落下させると、落ちる速さは一緒になります。空気中では、おもりを落下させると、空気抵抗がありますが、それはあまりにも小さいので無視することができ、同じ速さで落下します。

　水中では、水の抵抗力と浮力が働くため、小さな粒子ほど、その影響を強く受け抵抗が大きくなります。そのため、大きな粒子が先に沈み、小さな粒子が後に沈みます。1つの地層のなかで、上の方に向かって細粒になっていくので、これを級化とよびます。堆積岩では、この級化構造を見つけられれば、元々の地層はどちらが上だったのかがわかります。地層が褶曲などによって傾いてしまい、元々の上下方向がわからなくなってしまったときに、この級化を見ることによって、上下を判別することができるのです。

　大陸の近くでは、川から運ばれてきた泥や砂が繰り返し堆積します。これは、タービダイトとよばれます。陸上で洪水が起こったとき、あるいは海底で地震がおこったときに、海底の斜面で混濁流という流れが発生し、海底の土砂を巻き上げながら流れ下り、それが堆積したものです。このタービダイトの地層は、砂岩泥岩互層として、各地の海岸などで見ることができます。

▶ 級化構造とタービダイト

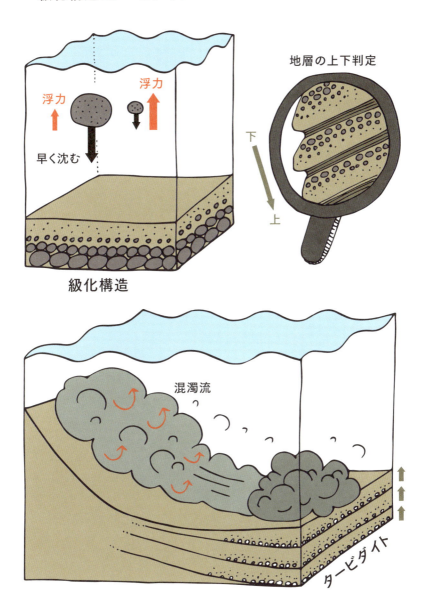

40

いろいろな地層

津波の地層

　日本は周囲を海に囲まれているため、しばしば津波の被害をうけてきました。日本の周囲の海で発生するだけでなく、南アメリカのチリで起こった地震による津波の被害も受けています。日本の周辺には、日本海溝や南海トラフといった大きな凹みがあります。ここは、プレートの沈み込む場所であり、地震の巣です。世界でおこる地震の大半は、このような海溝などの凹みで発生しています。

　過去の津波を調べるには地層が使われます。津波は水が動く現象ですので、それに伴って土砂が移動します。津波は、通常の波の働きとは規模が格段に異なる現象なので、そこに堆積する堆積物は、非常に特徴的なものになります。

▶ **普段の波と津波の及ぶ範囲のちがい**

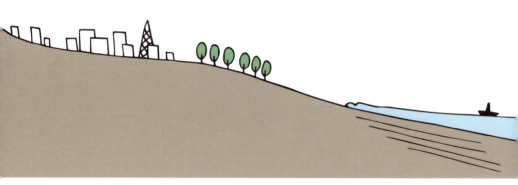

津波に襲われると、普段は波の作用が及んでいない場所まで、海の堆積物が堆積します。海岸付近の湿地には通常、川が運んできた堆積物や、そこに生えている植物の遺骸(いがい)などが堆積しています。津波のときには、そこに、海の堆積物が覆い被さるので、見分けがつきやすく、その堆積物の年代を調べることによって、いつ津波が来たかがわかります。また、堆積物がどこまで広がっているかを調べることによって津波の規模も推定できます。それを現在の津波の規模と堆積物の分布と比較すれば、過去にどの程度の地震が、どれくらいの頻度で発生したのかを見積もることができます。
　津波という言葉は、国際的に使われていて、英語でも tsunami と表します。この津波でできた堆積物は、tsunamiite（ツナマイト）とよばれています。

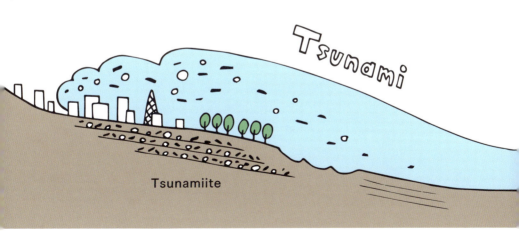

凍る地層

　寒冷な地域では、土壌や岩屑の層に含まれる水が凍るため、独特の地形や地層の模様をつくり出します。氷河が発達する地域では、氷体が存在する場所の周辺でよく見られるので、この独特の地形や地層がつくり出される現象を周氷河現象とよびます。しかし、必ずしも氷河の周囲である必要はありません。現在の日本のような氷河が存在しない場所でも、周氷河現象は起こっています。

　構造土とよばれるものは周氷河現象による地形の一つです。地表に六角形の模様や、筋状の模様が現れます。地面が凍ったり溶けたりを繰り返し、泥や砂がふるい分けられていき、独特の模様をつくり出します。中部山岳地域の高山帯や東北や北海道地方で観察されます。

　永久凍土とよばれるものも地層が凍ったものです。氷点下以下の状態で、2年以上続けて凍っていれば永久凍土とよばれます。北極を中心とした広い範囲に永久凍土は広がっています。かつて凍りづけのマンモスが発見されたこともあります。日本では、北海道の大雪山、富士山、富山県の立山でその存在が認められています。

　気温が−5℃であれば、連続的に永久凍土が形成されます。永久凍土が形成されたことにより、地面の割れ目ができ、地層にそれが記録されます。その後、その場所の気候が温暖化しても、その形は残ります。そのため、かつてつくられた割れ目の分布と、その地層の年代を詳しく調べることによって、かつての気温の分布を調べることができます。

▶ 構造土のでき方

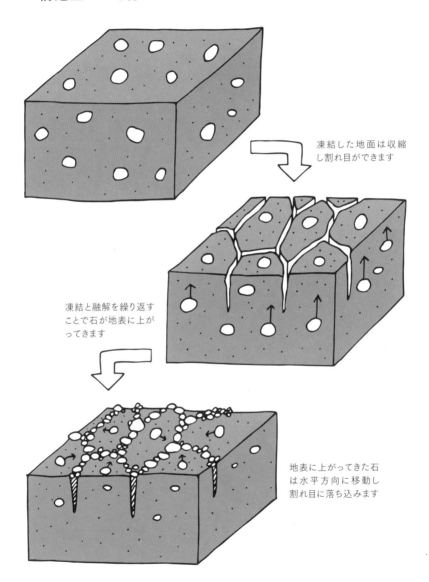

凍結した地面は収縮し割れ目ができます

凍結と融解を繰り返すことで石が地表に上がってきます

地表に上がってきた石は水平方向に移動し割れ目に落ち込みます

地層と湧き水、地下水

　地球上で生物が誕生し、現在まで繁栄してきたのは、水のおかげです。生命は海水から生まれましたが、人間は海水を飲んで生きていくことはできません。生きていくには、淡水が必要になります。地球上の97.4％の水は海水で、それ以外の2.6％が淡水です。しかし淡水の4分の3は氷河や氷床です。そのため、私たちが利用できるのは、湖水や河川水、地下水などの地球上にある水のわずか0.6％です。そのほとんどは地下水です。地下水は、私たちにとってとても貴重な資源なのです。

　地表に降った雨は、地層にしみこんで、そこを通過することによって、水と混ざっている物が分離され、きれいな地下水となります。しかし、近年は、地下への廃棄物の埋設や汚染水の垂れ流しなどにより、地下水汚染が激しくなっています。

▶ **淡水の割合**

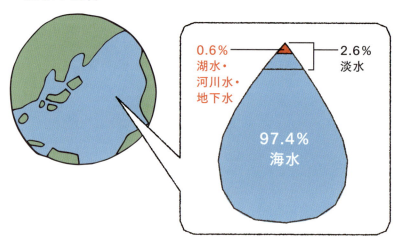

地下水の存在は、地層の配列に大きく影響を受けます。細かい泥や粘土が集まってできた地層は、水を通しにくく、その上に砂や石ころからなる地層があれば、その地層を水が流れます。水を通しにくい地層のことを不透水層、水を通しやすい地層のことを透水層といいます。

　この不透水層から地表までの間の地層にたまっている地下水と、不透水層と不透水層にはさまれている地層にたまっている地下水とは、性質が異なるので区分されます。前者は、不圧地下水とよばれます。井戸を掘ると、地下の地下水がたまっている深さのところに水が現れます。後者は被圧地下水とよばれます。不透水層と不透水層の間で圧力を受けているため、そこまで井戸を掘ると、水は地上に吹き出してきます。そうした井戸は自噴井とよばれます。

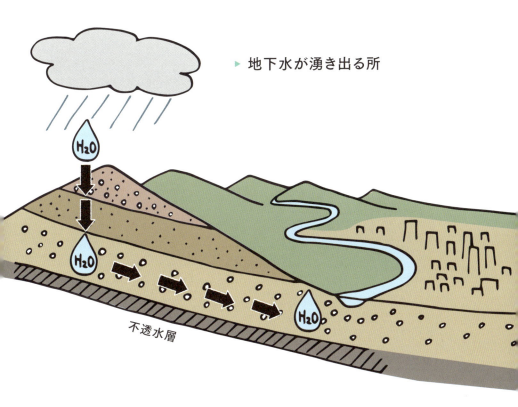

▶ 地下水が湧き出る所

43

いろいろな地層

平野の地層と山地の地層

　私たちの暮らす日本列島では、大きな地形の分類と、地層の特徴がよく対応しています。地形は、隆起してできる山（隆起山地）、火山、丘陵地、段丘、低地の5つに分けることができます。

　私たちが山とよんでいるのは、隆起山地と火山です。隆起山地は、地下にあった地層が盛り上がってくる場所です。山の表面には土がわずかにありますが、大半は岩盤になります。その岩盤の種類は場所によって異なります。

▶ 山地と段丘と低地

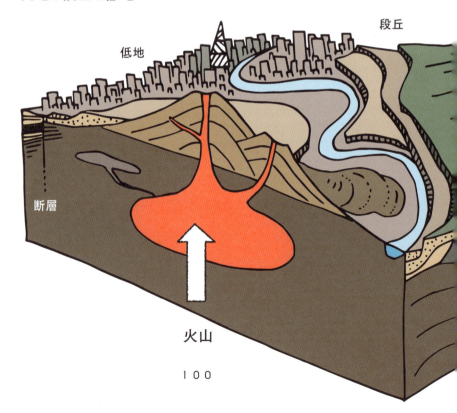

もう一方の山である火山には、火山岩が分布します。元々は地下にあったマグマです。そして、火山の周りには、噴火に伴って噴出された火山灰や火砕流などが堆積しています。

　5つの分類の中の段丘と低地は、平野に位置します。平野は、第四紀に砂や泥が堆積している場所です。山地を流れる川が岩盤を掘り込み、周囲の山の斜面が不安定になり、そこで山崩れが起こり、崩れた土砂が川によって、運ばれて堆積しています。軟らかく建築物の基礎としては弱い地層です。そうしたところに、日本の大きな都市が立地しています。

　隆起する山地と沈降する平野の間には、地層のずれである活断層があります。そこは、地震が繰り返し起こってきた場所です。また、山地は隆起をし、その裾野は川に削られているため、長期的にみれば不安定化が進み、地すべり、山崩れが発生します。地すべり、山崩れによってつくられた土砂が河川の氾濫の際に平野に堆積してきました。

　変動の激しい日本列島では、地形と地質、そして土砂の動きが対応しています。この土砂の動きは私たちにとっては、自然災害となります。

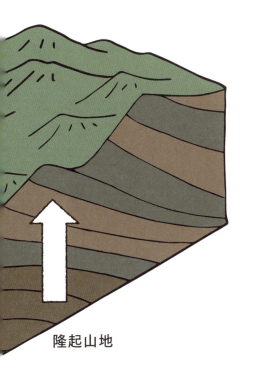

隆起山地

きほんミニコラム

宝石の世界

　宝石は、自然科学上の分類として存在するものではありません。多くの人が美しく価値のあるものだと認識すれば宝石になります。多くの宝石は鉱物ですが、真珠やサンゴのように生物起源の石もあります。

　ダイヤモンドは、最も有名な宝石です。化学組成式だけみれば、炭素というごくありふれた元素です。しかし、天然で最も硬い物質で、その価値は皆さんの知る通りです。それでは、ダイヤモンドはどうやってできたのでしょうか。ダイヤモンドはキンバレー岩、エクロジャイト、ランプロアイトという岩石と一緒に産出します。これらの岩石は、地下100 km以上の深部での高温高圧条件下でつくられます。非常に深いところでつくられた岩石なので、とても硬いのです。オーストラリア、南アフリカ共和国、ロシアなどの、古い時代の地層が現れている大陸の各国が代表的な産地です。日本からは、それがダイヤモンド産業として成立するような規模では産出されません。

　水晶は、石英（SiO_2）の大きな結晶です。酸素と珪素は、地殻に存在する最も多い元素です。そのため、水晶はいたるところで見られます。古くは、ヨーロッパアルプスの山中で発見されたため、氷がさらに硬くなってできたものだと考えられていました。しかし、実際には、珪酸を溶かして流れている熱水が、岩盤の割れ目を通り、ある場所で温度圧力が下がったために結晶を成長させてできます。

Chapter 6

地層の利用

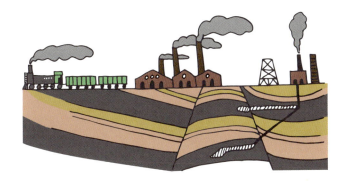

石材としての利用

44

地層の利用

　石は、美しい色と模様を持ち、強度も持つことから、建物の外装や内装、道路や橋などに使われています。あちこちで目にするのが、大理石です。大理石は、石灰岩が元になっているので、サンゴやアンモナイトの化石を見つけることができます。デパートやホテルのエントランスなどによく使われています。

　花崗岩も石材としてよく使われる岩石です。ごま塩のような模様の岩石です。ビルの外装や墓石などに使われています。また道路や階段の敷石としても使われています。

　火山岩である安山岩は、地上で冷えて収縮するときに板状の割れ目をつくります。その割れ目に沿って薄く割れるので、石材として使われていました。長野県諏訪で産出する石は、鉄平石と呼ばれ、内装、外装に使われています。特に江戸時代から明治時代にかけては、屋根材として使われていました。

　トラバーチンという岩石も、内装などによく使われます。赤や白の縞模様で、穴が数多く空いている岩石です。一旦溶けた石灰岩が、再沈殿したもので、固まるときに隙間ができます。古代ローマ人は、トラバーチンを使って多くの建築物をつくっています。ローマのコロッセオの大部分はこのトラバーチンです。

　緑色で独特の模様をした蛇紋岩も、よく使われます。蛇のような模様をしているため、この名が付いています。

　関東地方では、家を囲む塀や石倉に大谷石が使われています。これは、栃木県宇都宮市で産出する凝灰岩です。軟らかいため、彫刻されて使われています。一方で、風化しやすく、表面が剥がれ落ちているものが多くあります。

▶ 街中で使われている石材

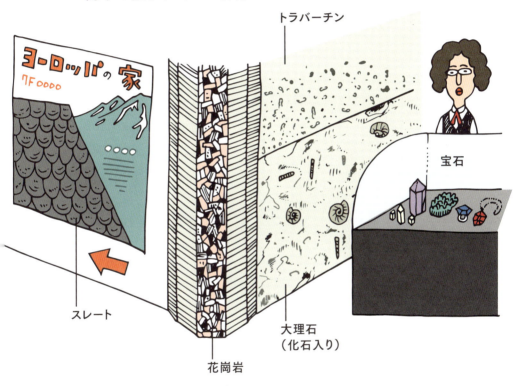

　ヨーロッパでは、屋根に粘板岩（スレート）が使われています。泥岩が変成したもので、同じ厚さできれいに割れます。そのため、屋根瓦として利用されています。

45

地層の利用

地下資源としての地層

　私たちの生産活動において、自然から得られる原材料のことを資源といいます。その資源の主なものは、植物や動物といった生物資源と、地層である地下資源です。

　たとえば、私たちの服には、木綿やウール、毛皮などを除くと、原料が石油の合成繊維が多く使われています。車の車体は、鉄やプラスチックなどでできており、燃料は石油が原料のガソリンです。コンピューターやテレビなど電子機器、電化製品には、プラスチックやさまざまな金属が使われています。金属は、地下から鉱石などを採掘し、加工して利用しています。人間が地層を掘り出して、現代文明を成立させているといえます。

　現代社会で最も重要な地下資源は、原油です。自動車や飛行機など、さまざまな機械を動かすための燃料として使われます。原油は、西アジアの国々など、分布が限られていますが、これは、原油が堆積岩分布域で、特定の構造を持つ場所から採掘されているためです。

　原油に限らず、燃料資源となる地下資源は、その分布が偏在しています。かつての日本の燃料資源の主力であった石炭は、日本では九州や北海道などで採掘されていました。地層の成因によってその分布が決まり、それによって資源の分布が決まっているのです。

　エネルギーとともに、私たちの生活に必要なもので地下の資源に大きく依存しているのがコンクリートです。コンクリートは、石灰岩が原料のセメントに、骨材といわれる砂や石ころを混ぜてつくります。この骨材は、かつては川原の石ころを使っていました。現在では、山の岩盤を砕いて石にしています。

　地下資源は、地球の46億年の歴史の産物です。人類は、その蓄積を

106

▶ 油田と石油製品

身の回りの石油製品

数百年で使い切ってしまうような勢いで、使ってきました。このままでは現代文明はやがて滅びるでしょう。私たちは、次世代のために、地下資源の賢明な使い方を考える必要があります。

食べることができる地層

地層の利用

　地層の中には、食用として利用されているものがあります。それは、岩塩と呼ばれているものです。塩は人間が生きていく上でなくてはならないものです。物資の流通が不便だった時代には、海から離れたところに住む人たちにとって、地下から産出される塩はたいへん貴重なものでした。日本では岩塩は産出しませんが、海外では、アメリカやドイツ、イタリアなどのヨーロッパ諸国などで産出されています。食用として利用されるほか、冬季の融雪剤や、さまざまな化学工業製品をつくるための、塩素、塩酸、苛性ソーダ（水酸化ナトリウム）の原料として利用されています。

　岩塩は、海水が地殻変動などによって陸上に閉じこめられ、水分が蒸発して塩の層ができ、それが地下深くで圧力を受けてできるものです。形成にかかる時間は数千万年から数億年といわれています。白色や薄い桃色のものが一般的ですが、含まれる成分によっては、赤や黄色の色のついたものもあります。岩塩はしばしば、ドーム状の構造をつくります。これは、岩塩が周囲の地層よりも密度が低く、相対的に軽いため、地表に向かって上がっていこうとするためです。

　ポーランドのクラクフの近く、ヴィエリチカ岩塩坑は、中世（13世紀）から現代に至るまで採掘が行われてきました。坑道の総延長は約300km、最盛期にはポーランドの収入の3分の1をまかなっていました。信心深い坑夫によって、岩塩に礼拝堂など数々の彫刻がなされています。岩塩生産の場とそこで働く人たちの文化が残る場として、世界遺産（文化遺産）に登録されています。

▶ 塩の地層のでき方

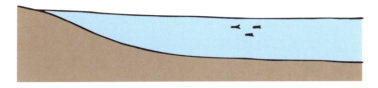

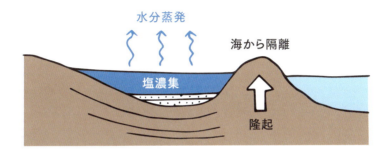

地殻変動によって
塩が閉じ込められる

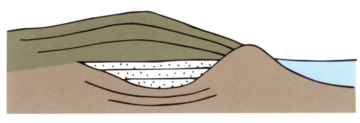

地下で圧力を受け
岩塩の地層となる

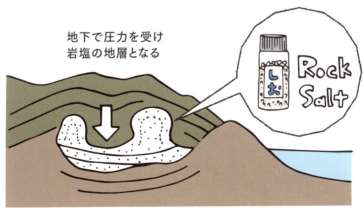

地質の災害と恵み

47 地層の利用

　私たちが暮らす日本列島は、世界のなかでも、特に自然環境の変動が大きい地域です。それは、プレートの動きの影響を強く受ける地域であることと、雨が多くそれによる土砂の移動が活発であることが理由です。プレートの動きの影響をうけて、日本列島では地震が発生します。また、火山の活動も活発です。こうした場所のことを変動帯とよびます。

　雨が多いということも、日本列島の自然を特徴づけています。雨が降れば、山が崩れ、土石流が発生します。川では水位が上がり、氾濫します。変動帯では、降雨降雪が多い地域という意味で、日本列島の自然環境を湿潤変動帯ということがあります。

　自然災害の多くは、地層の形成に関わっています。別の言い方をすれば、地層の形成プロセスの多くは自然災害を伴うということです。こうした自然災害は、地質災害ということができます。

　大雨が降ると川の水位が上がり、平野では川が氾濫することがあります。このときに新たに平野の地層がつくられていきます。川が氾濫すると、流れがあちこちに広がり、わずかな水深の薄い流れになるため、水流が弱まり、水と一緒に流れていた砂や泥が堆積していきます。特に河道の近くには砂が堆積し、その外側には泥が堆積していきます。河川が氾濫すると、住宅地は大きな被害を受けますが、過去そうしたことが繰り返されてきたからこそ、私たちの生活の場である平野がつくられてきたのです。自然環境の変動は、私たちにとっては、自然災害として災いとなる一方で、生活・生産の場を作り出してきました。

　火山は噴火すると、多くの被害をもたらしますが、平穏時には、地熱の供給源として、私たちに恵みをもたらしています。温泉が湧出し、雄大な景色が広がる火山周辺の地域は、一大観光地になります。地熱発電

110

▶ 災害(リスク)とその恩恵

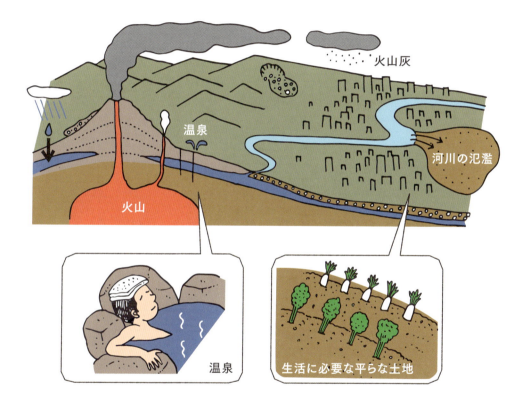

が行われている地域もあります。人間は、自然が引き起こす災いと恵みの中で生きているのです。

48 都市部の地層の災害

地層の利用

　都市部では、地盤沈下という自然災害があります。建物を支える地盤が下がっていってしまう現象です。建物は、地面が動かないことを前提にして建てられているので、地面が下がってしまうのは、大きな問題です。

　地盤沈下は、主に完新世の柔らかい地層（完新統）が堆積している場所で発生します。地震のときに大規模に発生します。

　低地の地層は、川や海の働きで堆積した砂や泥からつくられています。この地層は十分に締め固められているわけではなく、粒と粒の間には隙間が多くあります。そこには地下水が入り込んでいます。このような状態の地層が地震によって揺すられると、粒と粒のかみ合わせが瞬間的に外れます。すると、地下水の中に砂粒が浮いている状態に変わります。全体としては液体なので、その上に建っている建物などを支えられる強度を保てず、建物は倒れてしまいます。

　揺れが納まると、再び粒が重なりあって堆積します。このとき、以前の粒の重なりあいよりも、隙間を埋めるように堆積するので、粒と粒の間にあった水を押

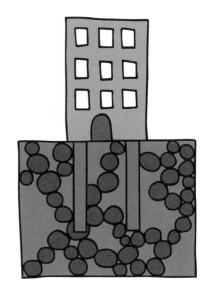

1 砂粒同士がくっついている

▶ 液状化による地盤沈下

し出します。その水は、地表に向かって吹き出し、その水と砂が一緒になって流れ出すので、噴砂現象が起こります。砂粒と砂粒の間の隙間が埋められるということは、地表面が下がることを意味します。こうして地盤沈下という現象が起こります。

　高層のビルなどは、地下深くの硬い地層まで鉄骨を埋め込んで建物の基礎としています。そのため、地表近くで地層が縮まってしまうと、建物が地面よりも高くなってしまいます。こうした現象は、建物の抜け上がり現象とよばれます。

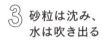

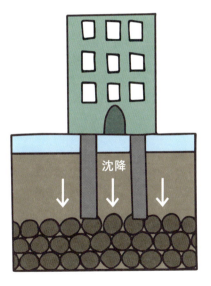

地層の利用

地層や地形の保存と活用

　地層や地形は、長い地球の歴史の中で、これまでに起こったことを記録しています。過去、生物がさまざまな形をとりながら進化してきたことも、隕石の衝突があって生物が大量に絶滅したことも、寒冷な時代には現在よりも何倍も大きな氷河・氷床があったことも、みな地層や地形を分析することでわかることです。地質学や地形学は、地層や地形が残されているからこそ、それらを対象にして調査・研究ができるのです。

　こうした地層や地形に記録されている地球の歴史のことを、「地球の記憶」と表現することがあります。地球は生き物ではありませんので、記憶というのは比喩的表現ですが、地球にとっての記憶は大事なものなので、それを保存しましょうという文脈で使われます。

　たとえば、地層が見える場所である露頭はコンクリートで被覆されたり、植物に覆われたりして観察に適さなくなることが多くあります。露頭から得られる情報は多く、いつまでも良好な状態で観察できるのが好ましいのですが、その維持は難しいことがあります。その露頭を研究目的だけで使うのであれば、その保全が困難ですが、教育や観光にも使うのであれば、さまざまな人がその露頭の保全に関わることになり、露頭観察がしやすい状態で維持されるようになります。最近では、地層や地形の保全をはかるために、各地でその活用を進めています。

　こうした社会的な仕組みづくりのほか、地層そのものを保存する方法も進歩しています。それは、特に土壌や第四紀に堆積した柔らかい地層を対象にした、剥ぎ取り標本というものです。露頭を整形し、その表面に糊を塗り、さらに布をあてます。糊が乾くと、布に地層が転写されるという仕組みです。こうしてつくった標本を博物館や学校などで保管します。

▶ 地層の剥ぎ取り標本

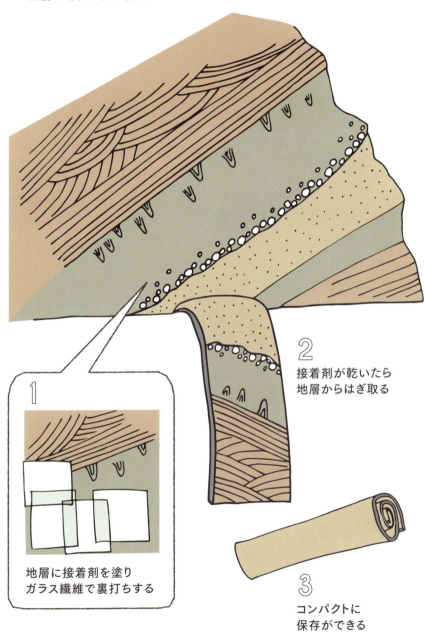

1 地層に接着剤を塗りガラス繊維で裏打ちする

2 接着剤が乾いたら地層からはぎ取る

3 コンパクトに保存ができる

地層の利用

地層の利用と持続可能な社会

　人類は、これまでに何度かの大きな社会の変化をつくり出してきました。1つは、農耕・牧畜を開始した新石器時代の農耕革命とよばれるものです。これにより定住化が進み、人間の生活が社会化されていったと考えられています。もう1つは、18世紀の農業生産の向上を経ての、18～19世紀の産業革命です。これによって地下資源を利用しての工業化が進み、人口も急激に増加しました。

　産業革命は、人間と地層の関係性を大きく変えた事件ともいえます。産業革命前の動力は、人力のほかは、水車や風車などの自然エネルギーによるものや、牛や馬などの動物の力でした。これらは、そのときの天候や自然の営みに大きく影響されるものでした。たとえば、牛や馬をたくさん働かせようと思っても、エサとなる草を与えなければなりません。草は、太陽エネルギーと土壌と水がなければ育たないので、いくら必要だからといっても、急激にその数を増やすわけにはいきませんでした。しかし、産業革命期以降は、動力源は、地下の石炭を掘ってそれを燃焼させ、水蒸気でタービンを回して動力を得るようになります。石炭は、地球の歴史の中で長い時間をかけて蓄積されたものなので、大量に存在しています。採掘量を増やし、機械を増やせば、その働きは、10倍にも100倍にもなりました。

　その後、エネルギー資源は石油に移行していきますが、地球の営みによって蓄えられたエネルギーを使って、産業を発展させていくという構造は変わっていません。

　この方法の大きな問題は、石炭にしろ、石油にしろ、たいへん長い時間がかかってつくり出されたもので、その量は有限であるということです。現在のようなペースで使っていればやがて枯渇してしまうでしょう。

116

また、地表にはほとんどなかったものを、特定の目的のために、地下深くから掘り返しています。使った後の処理が十分できていないため、公害（鉱害）が発生しています。このような地下資源に依存する産業のあり方は、長期的に考えると、人類にとって必ずしも最良の方法とはいえなさそうです。人類が、持続可能な社会をつくっていくためには、新しい社会の仕組みをつくっていかなければなりません。

▶ **人間活動に必要なエネルギー源**

産業革命
地下資源（石油/石炭）という大きなエネルギー源

現在
現在も地下資源に頼る部分が大きい

きほんミニコラム

国立公園、天然記念物、世界遺産、ジオパーク

　雄大な景色をつくる地形や、科学的な価値の高い地層を保護する制度はいくつかあります。

　1つは、国立公園です。1872年にアメリカで、世界最初の国立公園としてイエローストーンが指定されました。日本でも、1934年から各地が指定されていきました。

　天然記念物は、科学的価値の高いものを保護するしくみです。日本では、1919年に史蹟名勝天然記念物保存法がつくられ、各地の岩石、鉱物、化石、地層などが指定されていきます。

　世界遺産は、世界的に価値のある自然を保護するしくみです。日本では1992年にこの条約を批准し、自然遺産として知床、白神山地、小笠原諸島、屋久島が登録されています（2018年10月現在）。

　この世界遺産を進めている、ユネスコ（国際連合教育科学文化機関）は、地球科学的に価値のある地質や地形を保護・保全し活用していくプログラムも実施しています。それがジオパークです。日本には、ユネスコ世界ジオパークが9ヶ所あります。また、そのしくみに準じた日本国内のジオパークである日本ジオパークも35ヶ所（ユネスコ世界ジオパークの9ヶ所を除く：2018年10月現在）あります。これらの地域では、地域の地層や地形の保全活動が行なわれ、地域の地学的特徴を学ぶジオツアーが開催されています。

Chapter 7

地層の調べ方

51

地層の調べ方

地層を見学するとき、調べるときの注意

　地層について、理解を深めるためには、いろいろな種類の地層の実物を見ることが大事です。しかし、その際に、注意しておかなければならない事柄があります。

　山や川、採石場、道路の脇などで、地層を観察することができますが、安全に十分配慮することが必要です。崖になっている場所も多く、上から石が落ちてくる可能性があります。また、地層を見学できる場所は、基本的には、誰かが所有している土地なので、勝手にそこに入り込むことはできません。私有地であれば土地の所有者の方から許可をもらって、公有地であればそこを管理している団体、組織から許可をもらって入らなければなりません。特に、採石場は、注意が必要です。採石場は、十分な安全管理の元、採石の仕事が行われているところです。無断で入ってはいけません。遠くから双眼鏡などで眺めるだけでも十分観察できます。既に採石を停止している場所は、柵なども不十分なため、容易に採石場の跡地に入れてしまいますが、危険ですのでやめましょう。

　いきなり野外に行っても、地層の見学は効率的にはできません。地層の見やすい場所をあらかじめ調べておきましょう。地層がよく現れているのは、岩石の海岸（磯）です。磯がどこにあるのかは、国土地理院撮影の空中写真で確認するとよいでしょう。Web サイトで全国の空中写真が公開されています。磯で、地層を観察するときには、大潮の日の、干潮の時刻に観察しに行くとよいでしょう。インターネットで潮見表が公開されていて、各地の潮汐が調べられますので、それを参考にしてください。

　山で、地層を観察するときには、谷に沿った場所が、もっとも見やすい場所になります。山地の、水流がある渓流では、表面の風化した岩盤

120

▶ 地層が安全に観察できる場所を調べる

や土壌などは取り払われて、きれいに地層を観察することができます。そのため、専門家は、山では谷をくまなく歩き、地層の調査を進めていきます。山登りや沢歩きをしたことがない人には、危険ですので、必ず経験のある人に相談して、指示にしたがってください。

地質図の使い方

地層の調べ方

　地層がどこにどのように分布しているのかということは、地質図を見ればわかります。日本では、産業技術総合研究所の地質調査総合センター（旧地質調査所）や、都道府県などが地質図をつくっています。それぞれの地域の地質について、専門的に知りたい場合には、地質図を手に入れてみましょう。

　地質図は、地表にある植物や人工構造物、土壌を剥いだときに、その下にどのような地質が広がっているのか、その分布を示したものです。三次元的に分布している地質を二次元の地図に表現するので、その地下の地質構造までをすべて示せているわけではありません。しかし、地質図には、地質断面図が併記されていて、地下深くまでの構造が理解できるようになっています。さらに、地形との関係から、それぞれの場所で地質がどのように分布しているのかを推定することもできます。

　現地で地層が見える露頭は限られているので、現地調査でわかるのは、断片的な地質の情報です。それをうまくつなぎ合わせていくには、その場所の地質がどのようにつくられていったのか、それぞれの地層の成因を考えてストーリー立てて考える必要があります。一筋縄でいかないのは、地層は堆積した後に、ある場所では残り、ある場所では削られてしまいます。地層の記録は、部分的にしか残っていないことが多いのです。また、すぐ近くにあるはずの地層が、堆積後の断層の活動により、移動してしまうこともあります。このような複雑なストーリーを、専門家は、露頭を何箇所も回ってその観察結果をまとめ、さまざまな分析を行い、考えていくのです。

　地質調査総合センターでは、日本全国の地質図を、シームレス地質図という形で、Webサイトで公開しています。また、各地の地質は、主

▶ 地表の下に分布する地質を示す地質図

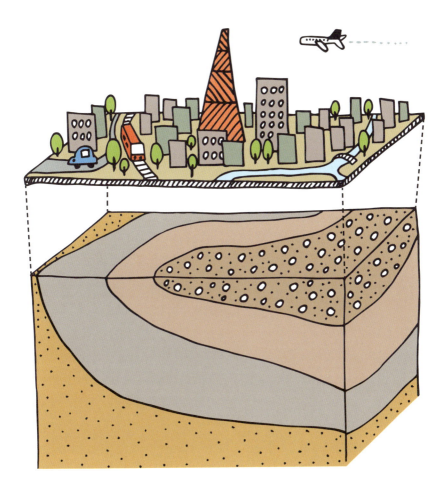

に縮尺が1/5万の地質図に示しています。その地質図には、専門的な解説書もついています。それを読むと、どういった現地の情報に基づいて、地質を解釈しているのかがわかるようになっています。

53

地層の調べ方

地層の記録の
しかた

　地層を現地で観察すると、地層の向きや、その模様、色、割れ目など、いろいろな情報があるので、最初は何が重要な情報なのか、わからなくなってしまいます。地層を理解する上で、ポイントとなるのは、それぞれの地層がどのようにできてきたのかということです。それを理解するためには地層の広がりと積み重なり方を理解していくことが必要となります。

　広い範囲で地層がどのように広がっているのか、平面的に調査をする必要があります。地層の観察を行う地域の、国土地理院発行の縮尺が1/2.5万の地形図を用意しましょう。それをコピー機を使って1/1万の縮尺に拡大し、それぞれを現地に持っていくと便利です。

　地層が観察できた場所（露頭）の位置は、地図に書き込みます。何箇所も露頭を観察するので、それぞれの場所に番号をふりましょう。日付と見た順番での番号を組み合わせたものが便利です。観察結果は、フィールドノートに記入しましょう。その露頭の番号とともに、地層の厚さ、姿勢、色、粒の大きさ、割れ目の入り方などを観察します。その結果を簡便に書くには、柱状図に表します。柱状図を書くときは、地層の種類を記号や色であらわします。

　地層の姿勢を調べるときにはクリノメーターという道具を使います。コンパスで代用することもできます。地層の色は、土色帖を使います。それを実際の地層に照らし合わせて色を判定します。その場所の写真を撮るだけでなく、そこがどのような場所なのか、スケッチをすると良いでしょう。詳しく現地を観察することで、地層の境界がどこにあるのか、また、どのような特徴を持つものなのか理解できるようになります。

　観察した事柄は、家に帰ってから整理しましょう。

▶ 地層を観察するときの装備とポイント

　崖は暗いところにあることが多いので、写真を撮るときには、三脚を利用しましょう。撮影の際には、そのものの大きさがわかるようにスケールも入れるようにしましょう。

54

地層の調べ方

穴を掘って地層を
調べる

　建物を建てるときには、そこの地層がしっかりしているか調べます。地震のときには、軟らかい地層の上では、硬い地層のところよりも、震度が１違うといわれています。硬さだけを調べるのであれば、ステンレスなどの棒を地面に打ち込み、その入りやすさを測る貫入試験を行います。より詳しく調べるときには、地層を実際に掘り出してみる必要があります。

　地層の積み重なりを調べるときは、ボーリング調査という方法がとられます。穴を掘りながら、地層を採取していきます。数十メートルの深さを掘るときには機械を用いますが、地表から数メートルのときは、人力で採掘します。

　地層の三次元的な広がりを調べるときには、トレンチ調査という方法がとられます。たとえば、過去の地震の経歴を調べるときには、活断層の通っている場所を地表の地形から見当をつけ、その場所を掘ります。そこで、地層がどのように変形しているか、また年代を示す火山灰などを調査します。断層が三次元的にどのように広がっているかが分かることによって、より深い場所の断層の広がりを推定することができます。

　小中学校では、校舎を造るときのボーリング調査のサンプルを残していることがあります。学校の先生に問い合わせてみれば、学校の地下にどのような地層が広がっているか、見ることができるかもしれません。

▶ ボーリング調査とトレンチ調査

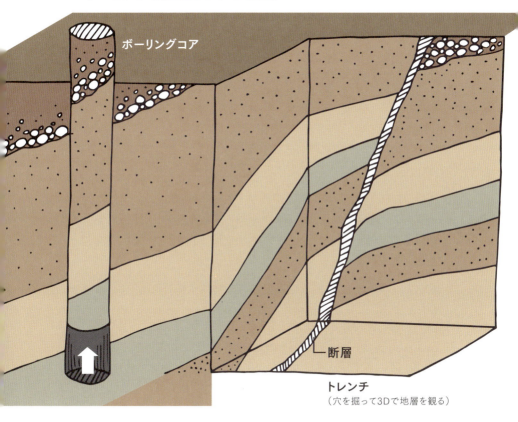

ボーリングコア

断層

トレンチ
(穴を掘って3Dで地層を観る)

身近な自然を調べる

　これまで学んだことを使って、身近な自然について調べてみましょう。ここでは、川の周りの地形や地層をどのように見ていくかを示します。川の周囲には、何段かの階段状の地形が分布しているところがあります。これは河成段丘、あるいは河岸段丘という地形です。かつて河原だった平らな地形を段丘面、その周りの急な崖を段丘崖といいます。

　対象とする地域の全体で、この段丘面と段丘崖がどのように広がっているかを、地形図や空中写真を使って確認しましょう。地図は、国土地理院発行の、1/2.5万の地形図を使うのが良いでしょう。地形図では、急斜面は、等高線の間隔が狭く、緩斜面では、間隔が広く表現されています。色鉛筆を用いて、地形図で段丘面、段丘崖を着色してみましょう。同じ地域の空中写真を使って、地形を室内で観察します。空中写真は重なるように連続して撮影されているので、2枚の写真を使うと、地形が立体的に見えます。段丘面の分布を立体的に理解します。

　こうした室内作業で、この地域の地形の概要を理解したら、次は現地に行ってみましょう。まずは、対象の地域全体を見渡せる場所に行き、地形の全体を見て理解します。

　地形図から読み取った崖のところでは、しばしば地層が露出している露頭がありますので、そこで、地層の積み重なりを観察しましょう。露頭全体は、スケッチをし、その結果を柱状図に整理します。柱状図とは、どのような地層があるのか、色、粒の大きさ、種類、層の厚さなどを詳しく記述するものです。露頭の横幅は無視して柱状に書きます。

　露頭がありそうな場所はくまなく歩いてデータを集めます。多くの場所では、植物や土壌に覆われていて、地層が見えていません。地形と地層の対応や、見えている地層の関係から、見えない部分の推定をするこ

▶ 自然を調べるときの手順

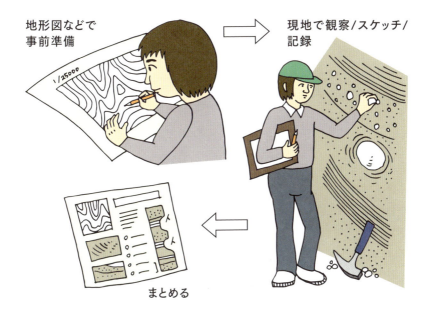

とになります。

　よく目立つ火山灰の層などあれば、それを鍵層にして、地層のたまり方の順番や、地形のでき方を考えます。現地では火山灰の種類は判別しにくいので、それらしい地層は、いくらか持ち帰り、室内で分析して同定していきます。

　最後に、室内での作業や現地での観察結果を総合して、その地域の地形や地層の特徴について、まとめます。

56

地層の調べ方

見えない地下を
調べる方法

　地下は、簡単には見ることができません。しかし、地下には、私たちの生活の役に立つ石油や石炭、鉄鉱石などさまざまな資源が含まれています。また、地層の軟らかさによって、地震のときの被害が大きく異なります。地層の広がり方は場所によって異なるので、それぞれの地域でどのような地層の広がりになっているのか、調べないと、資源を利用したり、自然災害を防ぐことはできません。そこで、直接地下を掘らなくても地層を調べる方法がいろいろ考えられています。

　私たちが病院に行くと、お医者さんが、軽く体をたたいて、診察をします。振動を与えてその伝わり方を手で感じ取っています。地球の内部も同じように振動の伝わり方を測って調べる方法があります。それは、地震を使う方法です。ある場所で発生した地震を、世界各地で調べれば地球内部がどのような構造になっているか、調べることができます。また、狭い範囲を詳しく調べるのであれば、人間が人工的に地震を発生させて、その波を地下のさまざまな地層や構造に反射させて調べます。この方法は、活断層の調査でよく使われています。地震のような震動でなくても、同じ理屈で電気などのさまざまな周波数を持つものを使うことができます。そうしたものを総称して物理探査といいます。

　人工衛星で得られる画像からの地層を調べる方法も行われています。これらの方法は、離れた場所から調べるのでリモートセンシングといいます。日本では、たいへん複雑な地質構造で、植物もよく繁茂しているので、あまり利用されていませんが、広大な大陸や砂漠などでこの方法が用いられています。たとえば、鉄鉱石の分布する地層は、ある波長の光を吸収します。そのため、人工衛星が撮影した広域の画像を分析することによって、どこにその地層があるのかを現地に行かなくても調べる

▶ 物理探査の方法

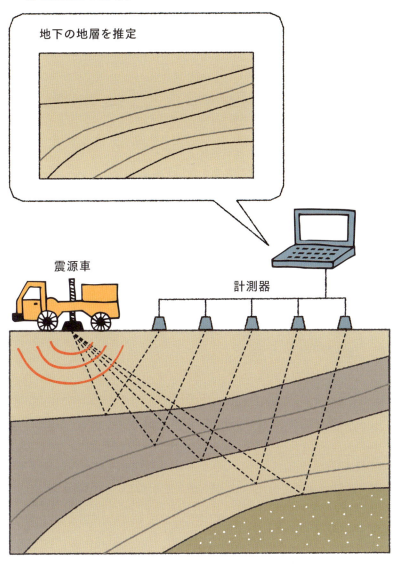

ことができます。そして、そのデータを元に現地調査を行えば、効率的に調べることができるのです。

地層の年代の調べ方

それぞれの地域の地層がいつ、どのようにしてできてきたのかを知るためには、地層の時代を調べることが必要になります。しかし、地層の時代を調べるのは、そう簡単ではありません。

堆積物では、その地層ができたときに一緒に堆積したものを利用します。木材で年代を計る場合には、炭素の同位体を調べます。炭素原子には、陽子の数がわずかに異なる同位体というものが存在します。質量の異なる複数の炭素が存在しているのです。この同位体を使って年代の測定を行います。

昔、生育していた木は、生きていて呼吸をしているために、その当時の、炭素の同位体比を体内に保持しています。しかし、地層に埋まってしまった後では、その体内にある炭素は、放射性壊変がすすみ、同位体の数は減っていきます。放射性壊変とは、原子核が放射線を出して別の原子核に変わる現象のことで、炭素14は、時間の経過とともに窒素14に変わるので、その量が減っていきます。この減り方は一定のスピードなのでこの壊変した同位体炭素の量がわかれば、地層に埋まってからどのくらいの時間が経過しているのかがわかります。

堆積岩では、地層のなかに化石がふくまれていることが多いので、その化石を調べます。生物は遠く離れていても、同じ形のものは、同じ時代に生きていたものです。そのため、ある場所で化石の年代が詳しく調べられていれば、離れた場所でもその地層の年代を知ることができます。

火成岩では、岩石の中に含まれる放射性の鉱物を使って年代を求めます。また、溶岩からマグマに冷えて固まるときに、地球の磁気の方向を記録するため、どの方向に磁化しているのかを調べることでも、年代を調べることができます。

▶ 放射性炭素で年代を決める方法

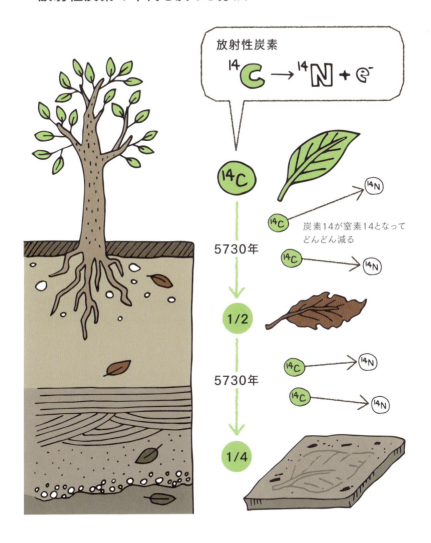

　さまざまな方法で求められた年代を比較、検討することによって、地層の年代が決定されています。

地層の調べ方

地球についての研究に功績を残してきた人

　この本の中では、ウィリアム＝スミス（62ページ）、ニコラウス＝ステノ（12、62ページ）、チャールズ＝ライエル（12ページ）の名前が出てきましたが、数多くの科学者による研究の末、現在の地球の姿がわかってきました。そのうちの何人かをここで紹介します。

○**チャールズ＝ライエル**（スコットランド、1797〜1875）
　ライエルは、「地質学原理」を著し、その書の中で、「現在は過去を解く鍵」と述べ、近代的な地質学の確立に貢献しました。

○**アンドリア＝モホロビチッチ**（クロアチア、1857〜1936）
　モホロビチッチは、地球の内部構造について、地震波を解析して研究をしました。地球規模で地震波の伝わり方を分析すると、地球内部に不連続面があることがわかりました。それは地球表面の地殻とその内部のマントルとの境界でした。その不連続面は彼の名をとって、モホロビチッチ不連続面とよばれます。

○**アルフレート＝ヴェーゲナー**（ドイツ、1880〜1930）
　地球の表面は十数枚のプレートによって覆われていて、そのプレートが動き、火山活動や地殻変動が起こっているという考え方は、プレートテクトニクスとよばれています。この考え方が確立するはるか以前にヴェーゲナーは、大陸移動説を唱えました。

○**松山基範**（日本、1884〜1958）
　地球は、大きな一つの磁石で、磁気を持っています。この地球の磁気である地磁気は、地球の歴史の中で、何度か反転を繰り返してきました。松山は、1926年に兵庫県の玄武洞で地磁気の調査を行い、地磁気逆転があった証拠を示しました。

Charles Lyell
1797〜1875

Andrija Mohorovicic
1857〜1936

Alfred L. Wegener
1880〜1930

松山 基範
1884〜1958

Beno Gutenberg
1889〜1960

○ベノー＝グーテンベルク（ドイツ、1889〜1960）
　モホロビチッチのように地震波の解析から、地球の核（コア）とマントルとの境界を発見しました。

135

地層の調べ方

地層のことを より詳しく勉強するために

　この本を読んで、もっと深く地層のことを学びたいと思った人は、各地でさまざまな地層をじっくり観察して、地層に関しての理解を深めましょう。

　観察場所を探すには、『地学のガイドシリーズ』（コロナ社）、『日曜の地学シリーズ』（築地書館）が役に立ちます。この2つのシリーズは、県別に地層、地形の観察ポイントを示しているもので、ほぼ全国を網羅しています。まずは、自分の住んでいるところにどのような地層があるか、調べてみましょう。

　地質学研究者による国内最大の学会に、日本地質学会という組織があります。この学会では、毎年行われている全国大会で、野外の地質や地形を観察する巡検が行われており、その案内書が学会誌として発行されています。J-stage という国内学会の学会誌を公開しているサイト（https://www.jstage.jst.go.jp/browse/geosoc/-char/ja）から、過去の巡検案内書を見ることができます。そこには、各地の専門家が書いた地質や地形の観察の手引きとなる詳しい解説が書かれています。

　専門的になりますが、各地の地質のことを詳しく知るには、地質図が役に立ちます。縮尺1/5万の地図の図幅で、各地の地質が地図に示されており、その解説書が発行されています。現在では、インターネット上（https://gbank.gsj.jp/datastore/）で閲覧することができます。地質図や解説書は、購入することもできます。

　各地の博物館では、日曜日などに各地の見学会がしばしば実施されています。これに参加すると、博物館の学芸員の人や高校中学、あるいは大学の専門の先生にさまざまなことを教えてもらうことができます。機会をみつけて参加してみてください。身近な博物館のウェブサイトをチ

▶ 書籍や地質図でより詳しく勉強する

『地学のガイドシリーズ』
コロナ社

より専門性の高い書籍

『増補改訂版
地層の見方がわかる
フィールド図鑑』
誠文堂新光社

『地質図幅』
地質調査総合センター

ェックしてみましょう。
　この本の姉妹本ともいえる本は、『地層の見方がわかるフィールド図鑑』、『地形観察ウォーキングガイド』(いずれも誠文堂新光社)です。この本で解説されていた地質や地形が、カラー写真で示されています。

137

おわりに

目代邦康

　この本は、2010年4月に発行した「見方のポイントがよくわかる 地層のきほん」の後継本となります。2010年版（旧版）が数年前から品切れとなっており、また、ほかの「きほん」シリーズがリニューアルして発行されていましたので、この「地層のきほん」も、大きく内容を更新して発行させていただくことになりました。

　旧版と大きく変わった点は、地質学を専門的に学び、現在は科学イラストレーションの専門家として活躍している笹岡美穂さんとタッグを組んで、この本を作ったことです。笹岡さんの、専門的に正しくかつ親しみやすいイラストと、私の文章という構成で本をつくることができました。文章から入り、イラストを見ていただくか、イラストから入り、その説明として文章を読んでいただくか、どちらでも楽しめる本になっています。

　地球について学ぶには、現地に行って実際の地層や地形を見るということが大事ですが、それと同時に、さまざまな現象を概念として理解することも必要です。概念的に理解するには、今回のようなイラスト＋文章という表現の仕方は、強力なツールになると考えています。

　今後、より良い表現方法を探っていきたいと考えていますので、お気づきの点などがありましたら、ぜひ、お知らせください。

○プロフィール
（もくだい くにやす）1971年神奈川県大和市生まれ。京都大学大学院理学研究科博士後期課程修了。博士（理学）。専門は、地形学、自然地理学。筑波大学陸域環境研究センター、産総研地質標本館、自然保護助成基金を経て、現在、日本ジオサービス株式会社代表。
https://researchmap.jp/kmokudai/

笹岡美穂

　大地の上に暮らす私たちは、実はあまり大地のことを知らずに日々生活しています。大地のことを知るのはそれほど難しいことではありません。身の回りにある地層や石ころを観察することで、大地の物語や多様な性格を知ることができます。

　私たちの生活は日々便利で豊かになっています。科学技術は物理的に豊かな生活を可能にしてくれます。一方で、私たち人間の生活の基盤である大地に関して考えることは少なくなっています。特に自然災害はリスクだけがクローズアップされがちです。注目すべき本質は、リスクによってもたらされる大地の恩恵があるからこそ、人間の生活が成り立つということです。この様に人間と大地の相互の関係性を理解することで、真の豊かな暮らしが得られるのではないでしょうか。

　この本では、私はすべてのイラストを担当しました。私はサイエンスデザイナーという仕事を専門にしています。私は科学の情報を誤解のない視覚表現で発信するだけではなく、地層や地球科学がより魅力的に、そしてたくさんの人々の記憶に残るような表現を心がけました。さまざまな立場の人たちがこの本を手に取り、大地と人の関係について新しい観方を持つきっかけになることを期待しています。

○プロフィール
(ささおか みほ)1977年愛知県北名古屋市生まれ。自然科学系(特に地学)のサイエンスデザイナー。信州大学大学院工学系研究科修士課程修了。専門は地質学、堆積学。山梨県立科学館、産業技術総合研究所、御船町恐竜博物館、JAMSTEC、高知大学を経て、2015年より(株)SASAMI-GEO-SCIENCE代表。2016年より高知大学短期研究員兼務。
http://sasami7793.wixsite.com/sasami-geo-science

参 考 文 献

　本書の作成にあたり、多くの書籍、論文、ウェブサイトを参考にさせていただきました。読みやすさを優先させ、引用を本文中に示しませんでした。参考にさせていただいた文献は以下の通りです。

青木正博・目代邦康(2017)
　「増補改訂版 地層の見方がわかるフィールド図鑑」誠文堂新光社
現代思想(2017)「特集 人新世－地質年代が示す人類と地球の未来」青土社
斎藤靖二(1992)「日本列島の生い立ちを読む」岩波書店
酒井治孝(2003)「地球学入門－惑星地球と大気・海洋のシステム」東海大学出版会
産業技術総合研究所地質標本館編(2006)
　「地球－図説アースサイエンス」誠文堂新光社
白尾元理(2017)「月のきほん」誠文堂新光社
平　朝彦(2001)「地質学1 地球のダイナミックス」岩波書店
平　朝彦(2004)「地質学2 地層の解読」岩波書店
平　朝彦(2007)「地質学3 地球史の探求」岩波書店
千葉とき子・斎藤靖二(1996)「かわらの小石の図鑑」東海大学出版会
浜島書店編集部(2013)「ニューステージ新地学図表」浜島書店
ピプキンBW、トレントDD(著)佐藤　正・千木良雅弘(監修)
　全国地質調査業協会連合会環境地質翻訳委員会(訳)(2003)
　「環境と地質」古今書院
丸山茂徳(1993)「46億年地球は何をしてきたか?」岩波書店
山賀　進(2011)「地球について、まだわかっていないこと」ベレ出版
International Commission of Stratigraphy (2018) International
　Chronostratigraphic Chart, v.2018/8.

索 引

【ア行】

アウストラロピテクス　80
亜円礫　18
青石　54
亜角礫　18
秋吉台　48
アセノスフェア　24
阿蘇火山　43
アノマロカリス　64
安山岩　38
石ころ（礫）　46
遺体化石　60
糸魚川－静岡構造線　88
稲田石　44
伊予青石　54
入戸火砕流　43
印象化石　60
隕石　32
隕石衝突　83
インブリケーション　18
ウェーブリップル　21
ヴェーゲナー　26,134
雲仙岳　42
永久凍土　96
エクロジャイト　102
円礫　18
大谷石　104
オルドビス紀　74
温泉　111

【カ行】

海岸　121
海溝　26
貝塚　78
海底火山　26,68
海洋地殻　90
海洋底拡大説　26
海嶺　26,91
河岸段丘　128

核　24
核融合反応　14
角礫　18
花崗岩　44,56,104
火砕流　42
火砕流堆積物　43
火山　100
火山ガス　40
火山岩　31,37,38,68
火山岩塊　40
火山泥流　43
火山灰　40
火山灰層　71
火山礫　40
火成岩　14,36
河成段丘　128
化石　60,86
ガソリン　106
活断層　101
褐虫藻　48
軽石　41
カルスト地形　48
カルデラ噴火　43
カレントリップル　20
岩塩　108
完新世　78
岩石　14,30
関東ローム層　54
貫入試験　126
岩盤　9,16,46
岩盤クリープ　52
間氷期　80
カンブリア紀　64,74
紀　72
紀州青石　54
逆断層　52
級化　92
級化構造　92
丘陵地　100

凝灰岩　104
恐竜の絶滅　82
金属　106
キンバレー岩　102
グーテンベルグ　135
クリノメーター　125
クルッツェン　84
クレーター　32
系　72
桂林　48
結晶片岩　50
原子量　70
原始惑星　34
元素　14
玄武岩　38
玄武洞　38
原油　106
コア　24
更新世　80
鉱石　106
構造線　88
構造土　96
後氷期　78
鉱物　14
国際連合教育科学文化
　機関　118
黒曜石　38
国立公園　118
古生界　72
古生代　72,74
古第三紀　74
コンクリート　106
混濁流　92

【サ行】

採石場　120,121
砂岩　46
酸化　54
産業革命　116

141

サンゴ　48
サンゴ礁　48
三畳紀　74,82
酸素　70
三波川帯　76
ジオパーク　118
磁気　68
示準化石　63
地震　110
地すべり　101
磁性鉱物　69
示相化石　63
湿潤変動帯　110
地盤沈下　112
自噴井　99
四万十帯　76
蛇紋岩　50,104
褶曲　52
周氷河現象　96
ジュラ紀　74,82
鍾乳石　48
鍾乳洞　48
シラス台地　43
磁力　68
シルト　16
シルル紀　74
人工衛星　130
新生界　72
深成岩　37,44
新生代　72,74
新第三紀　74
水晶　102
水素　70
スコリア　41
砂　16,46
ステノ　12,62,134
スミス　62,134
スレート　50,105

世　72
整合　10
生痕化石　60
正断層　52
西南日本外帯　88
西南日本内帯　88
生物資源　106
生物相　82
世界遺産　118
石英　20,44,54
石筍　48
石炭　14,116
石炭紀　74
石油　116
石灰岩　48,66
先カンブリア時代　75
千枚岩　50
閃緑岩　44
造礁サンゴ　48
続成作用　46

【タ行】
タービダイト　92
体化石　60
第三紀　74
堆積　46
堆積岩　8,14,36,46
ダイナモ　68
ダイナモ理論　68
ダイヤモンド　102
第四紀　72,74,80
第四系　72
大陸　90
大陸移動説　26
大陸地殻　90
大理石　50,104
大量絶滅　83
谷　121
タフォニ　56

段丘　100
段丘崖　128
段丘面　128
炭酸カルシウム　48
淡水　98
単層　10
断層　52
断層面　52
地殻　24
地下資源　106
地下水　98
地球誕生　34
地球の記憶　114
地形図　121
地磁気　68
地質災害　110
地質時代　74
地質時代の境界　82
地質図　121,122
地質年代　72
地層　8
地層累重の法則　12,62
秩父青石　54
秩父帯　76
地熱　111
地熱発電　111
チバニアン　73
チャート　54,66
中央構造線　88
柱状図　125,128
柱状節理　38
中生界　72
中生代　72,74
月　32
ツナマイト　95
津波　94
泥岩　46,66
デイサイト　38
泥炭　54

低地　100
鉄平石　104
デボン紀　74
天地創造　12
天然記念物　118
統　72
同位体　132
同位体元素　70
島弧　90
透水層　99
土壌　8
土色帖　125
土石流堆積物　71
トラバーチン　104
トラフ　26
トレンチ調査　126
泥　16

【ナ行】
南海トラフ　26,94
日本海溝　26,94
抜け上がり現象　113
寝覚の床　44
粘土　16
粘板岩　50,105
ノアの大洪水　12
農耕革命　116

【ハ行】
剥ぎ取り標本　114
白亜紀　74,82
発電機　68
氾濫　110
斑糲岩　44
被圧地下水　99
微化石　66
氷河　70,96
氷河時代　78,80
氷期　78,80

氷床　70
平尾台　48
微粒子　84
微惑星　34
不圧地下水　99
フィールドノート　125
風化　16,56
付加体　66,89
覆瓦状構造　18
フズリナ　48,66
不整合　10
物質の循環　28
物理探査　130
不透水層　99
プラスチック　84
浮力　92
プレート　24
プレートテクトニクス　26
噴砂現象　113
平野　101,110
ペルム紀　74
変成岩　14,36,37,50
変成作用　54
偏西風　40
変動帯　110
片麻岩　50
片理　50
方位磁石　68
放散虫　49,66
放射性壊変　132
宝石　102
ボーリング調査　126
ホモ・サピエンス　81
ホルンフェルス　37,50

【マ行】
真壁石　44
マグマ　30,36
マグマオーシャン　34

マグマだまり　30
マサ（真砂）　56
松山基範　134
マントル　24
御影石　44
模式地　76
モホロビチッチ　134
モホロビチッチ不連続面
　24

【ヤ行】
山　100
山崩れ　101
有孔虫　49,70
ユネスコ　118
溶岩　38,40
溶岩ドーム　38,42
溶結凝灰岩　43
葉理　55
横ずれ断層　52

【ラ行】
ライエル　12,134
ラテライト　54
ランプロアイト　102
リソスフェア　24,90
リップル　20
リモートセンシング　130
隆起　46
隆起山地　100
流紋岩　38
領家帯　76
緑泥石　54
ルーペ　22
礫　16
露頭　114

イラスト　　　笹岡美穂
装丁・デザイン　佐藤アキラ

やさしいイラストでしっかりわかる

縞模様はどうしてできる？ 岩石や化石から何がわかる？
地球の活動を読み解く地層の話

地層のきほん

NDC 456

2018年5月10日　発　行
2018年11月5日　第2刷

著　者　　目代邦康・笹岡美穂
発行者　　小川雄一
発行所　　株式会社 誠文堂新光社
　　　　　〒113-0033 東京都文京区本郷3-3-11
　　　　　（編集）電話03-5800-5779
　　　　　（販売）電話03-5800-5780
　　　　　http://www.seibundo-shinkosha.net/

印刷所　　株式会社 大熊整美堂
製本所　　和光堂 株式会社

©2018, Kuniyasu Mokudai, Miho Sasaoka.
Printed in Japan

検印省略　禁・無断転載

落丁・乱丁本はお取り替え致します。

本書のコピー、スキャン、デジタル化等の無断複製は、著作権法上での例外を除き、
禁じられています。本書を代行業者等の第三者に依頼してスキャンやデジタル化
することは、たとえ個人や家庭内での利用であっても著作権法上認められません。

JCOPY ＜（社）出版者著作権管理機構 委託出版物＞
本書を無断で複製複写（コピー）することは、著作権法上での例外を除き、禁じら
れています。本書をコピーされる場合は、そのつど事前に、（社）出版者著作権管
理機構（電話 03-3513-6969／FAX 03-3513-6979／e-mail:info@jcopy.
or.jp）の許諾を得てください。

ISBN978-4-416-61815-8